工业和信息化部“十四五”规划教材

高等职业院校“互联网+”系列精品教材

智能终端装联技能训练

主编　张志友　金明　刘磊

副主编　林涛　张园　刘洋　孙冬　周佳燕

主审　于宝明

電子工業出版社

Publishing House of Electronics Industry

北京·BEIJING

内容简介

本书按照《国家职业教育改革实施方案》的精神，以智能终端装联技能训练为核心进行编写。本书分为4个项目，共24个技能训练。项目1是元器件的测试，即元器件基本特性检测技能训练，为后续项目的铺垫；项目2是印制电路板的焊接，即初级技能训练，侧重通孔手焊技能训练；项目3是贴片元器件焊接，即中级技能训练，侧重贴片手焊技能训练；项目4是SMT焊接，即高级技能训练，侧重智能化焊接技能训练。每个技能训练围绕训练目标，训练内容，训练工具、仪表、器材，训练指导，操作成绩评定和总结反思模块展开，将理论知识与实践能力有机结合，同步提高，符合学生的认知特点。

本书以真实的智能终端装联实践项目为基础，以劳动教育为抓手，在技能训练过程中培养学生的工匠精神，体现职业教育的技能性、创新性和发展性；围绕企业需求，逐步突破技能，注重学生操作意识、应用意识、产品意识、解决问题意识的培养；与学生的体验相结合，使学生可以通过技能训练，系统地掌握各种工具的使用、设备的操作，多维度地对学生的技能水平进行培养和提高。

本书为高等职业本专科院校相应课程的教材，也可作为开放大学、成人教育、自学考试、中职学校及培训班的教材，以及工程技术人员的参考书。

本书配有免费的电子教学课件、总结反思参考答案，详见前言。

图书在版编目（CIP）数据

智能终端装联技能训练 / 张志友，金明，刘磊主编. —北京：电子工业出版社，2023.7
高等职业院校“互联网+”系列精品教材
ISBN 978-7-121-45907-8

Ⅰ. ①智… Ⅱ. ①张… ②金… ③刘… Ⅲ. ①移动终端－智能终端－高等职业教育 Ⅳ. ①TN87

中国国家版本馆CIP数据核字（2023）第123945号

责任编辑：陈健德（E-mail:chenjd@phei.com.cn）
印　　刷：天津画中画印刷有限公司
装　　订：天津画中画印刷有限公司
出版发行：电子工业出版社
　　　　　北京市海淀区万寿路173信箱　邮编：100036
开　　本：787×1 092　1/16　印张：7.75　字数：198千字
版　　次：2023年7月第1版
印　　次：2023年7月第1次印刷
定　　价：44.00元

凡所购买电子工业出版社图书有缺损问题，请向购买书店调换。若书店售缺，请与本社发行部联系，联系及邮购电话：（010）88254888，88258888。

质量投诉请发邮件至zlts@phei.com.cn，盗版侵权举报请发邮件至dbqq@phei.com.cn。

本书咨询联系方式：chenjd@phei.com.cn。

前　言

本书按照《国家职业教育改革实施方案》的精神，以立德树人为根本任务，立足长江三角洲区域一体化发展，围绕智能终端产业提质增效，以智能终端装联技能训练为核心进行编写。

随着电子信息技术的飞速发展，智能终端的变革日新月异。一个好的智能终端产品最后交付到客户手里离不开装联的过程。作为智能终端产品生产过程中的重要一环，装联环节的技能训练在电子信息类专业人才培养过程中的作用越来越重要。

本书以真实的智能终端装联实践项目为基础，结合行业企业装联岗位的技能要求，以项目为导向，以技能训练为驱动，采用任务式编写模式。本书在内容选取与规划、技能训练安排和编写上有以下特点。

(1) 以实用为基础，适应智能终端新技术的发展。

智能终端装联由元器件特性检测技能训练、通孔手焊技能训练、贴片手焊技能训练、智能化焊接技能训练组成。本书本着“理论够用、突出实践、体现特色”的原则，去除繁杂说教，突出操作重点，增加部分与当前装配技术发展相适应的教学内容，以智能终端产品开发、维修技能为主线确立本书的框架结构，使内容更为科学合理、贴近岗位的技能要求。

(2) 采取多项措施加强技能训练，培养创新思维。

① 本书中的案例以企业岗位的主要操作内容为基础，根据高职教学的特点编写，将课堂搬到企业，通过直观认知激发思考。

② 本书采用活页式编排，便于更换新的知识、新的内容。编入常规企业智能终端装配所需的技能，采用企业装配标准和工艺文件，通过实践操作，提高学生的岗位技能，满足企业需要。

③ 本书淡化操作原理，强调装配工艺；加强高速、超大型集成电路等装配处理方法的训练，具有先进性。

④ 理论学习用简单明了的实践操作方法代替，操作明确、规范、易学。

⑤ 本书作为我校智能产品终端维修技能工作室的专用教材，为学生提供劳动技能训练，面向社会开展劳动技能服务。

(3) 兼顾双证、定位准确。

本书按照相关专业人才培养方案的要求，充分考虑并结合行业发展需要和岗位自身的特点，遵循国家职业技能标准的要求，主要内容对接“1+X”证书。

(4) 校企合作编写、编者队伍实力强。

本书主编从事高等职业教育近 20 年，先后主编和副主编“十二五”和“十三五”职业教育国家规划教材 6 本。编写人员主持或参与过国家级、省市级多项科研课题，开发过多项企业产品，获得过多项国家级及省市级奖励，发明过多项专利，多次指导学生获得全国职业院校技能大赛奖项。

(5）开展线上、线下教学，配套立体化教学资源。

以本书为核心开展线上、线下教学，提供立体化多媒体辅教辅学资源，配有丰富的在线数字资源：微课（44 个）、PPT 课件（24 个）、习题库（60 余题）等。

本书分为 4 个项目，共 24 个技能训练。其中项目 1 为元器件的测试，通过对电阻、电容、电感、继电器、半导体等器件的特性测试，获得智能终端装联需要的器件检测技能；项目 2 为印制电路板的焊接，根据印制电路板焊接时需要的相关流程，从焊接工具的使用，元器件筛选，元器件引脚成形，通孔焊接，导线加工焊接，绕焊、钩焊与搭接焊，塑封电子元器件焊接，敏感元器件焊接到焊点质量检查，进行相关的技能训练；项目 3 为贴片元器件焊接，包括贴片元器件拆焊、普通贴片元器件焊接、敏感贴片元器件焊接、BGA 封装芯片拆焊、基于 BGA 返修工作站焊接 BGA 封装芯片技能训练；项目 4 为 SMT 焊接，包括操作锡膏印刷机、操作贴片机、操作再流焊设备、操作波峰焊设备、操作 AOI 设备技能训练。

本书由南京信息职业技术学院张志友、金明、刘磊任主编，由林涛、张园、刘洋、孙冬、周佳燕任副主编，参与编写的还有白如月、周志近，由于宝明教授主审。此外，本书在编写过程中得到了快客智能装备股份有限公司沈朋、张卫华、查忠平、胡锦锋工程师和南京泰之联无线科技有限公司韩飞工程师的指导和帮助，电子工业出版社编审人员为本书付出了辛苦劳动，在此一并表示衷心的感谢。

由于编者水平有限，书中难免会有疏漏和不妥之处，恳请各位读者批评指正。

为了方便教师教学，本书提供丰富的在线数字资源，有助于开展线上、线下教学，提高教学质量与效果，有需要的教师扫描书中二维码可查看或下载，也可登录华信教育资源网（http://www.hxedu.com.cn）免费注册后进行下载。若有问题，请在网站留言或与电子工业出版社联系（E-mail：hxedu@phei.com.cn）。

编　者

目　　录

项目 1 元器件的测试

技能训练 1.1　电阻基本特性的测试

扫一扫看电阻基本特性的测试教学课件

训练目标

（1）了解电阻的结构与符号。
（2）了解电阻的基本特性。
（3）了解电阻的分类及主要参数。

训练内容

（1）电阻的分类、测试与结果记录。
（2）电阻的基本特性与选用。

训练工具、仪表、器材

（1）仪表：万用表。
（2）器材：电阻。

训练指导

1. 电阻基础

电阻器通常简称为电阻，是组成电路的基本元器件之一。在电路中，电阻用来稳定和调节电流、电压，可用作分流器和分压器，也可用作电路负载，用符号 R 表示。

（1）电阻按电阻值是否可调节，可分为固定电阻和可变电阻两大类。固定电阻是指电阻值不能调节的电阻，可变电阻是指电阻值在某个范围内可调节的电阻。

（2）电阻按制造材料的不同，可分为碳膜电阻器、金属膜电阻器、线绕电阻、水泥电阻等。其中，碳膜电阻器和金属膜电阻器的电阻值范围较大，为几欧到几百兆欧，但功率不大，一般为 1/8～2 W，最大的可达 10 W。线绕电阻和水泥电阻的电阻值范围较小，为零点几欧到几十千欧，但功率较大，最大可达几百瓦。

（3）除常规的电阻外，还有特种电阻，如热敏电阻、压敏电阻、光敏电阻、气敏电阻等敏感电阻。有一种专门适用于计算机的特殊电阻——排阻，它是将几个（4 个或 8 个）电阻值相等、功率相同的电阻集合在一起而制成的，每个电阻的一个引脚在内部连接在一起，作为公共端引出。排阻大大地节省了空间，同时也提高了可靠性。

常用电阻及图形符号如图 1-1 所示。

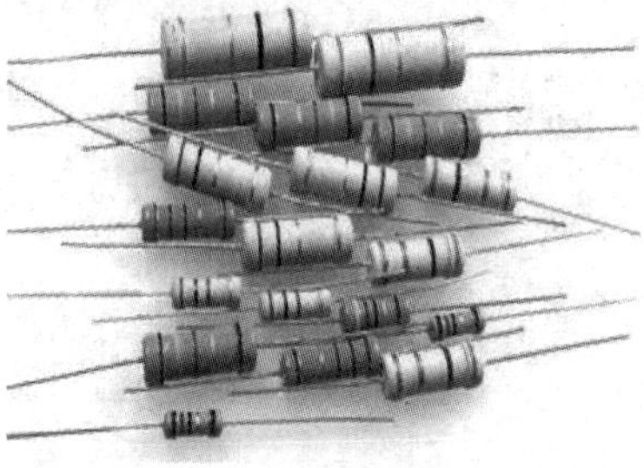

（a）普通电阻

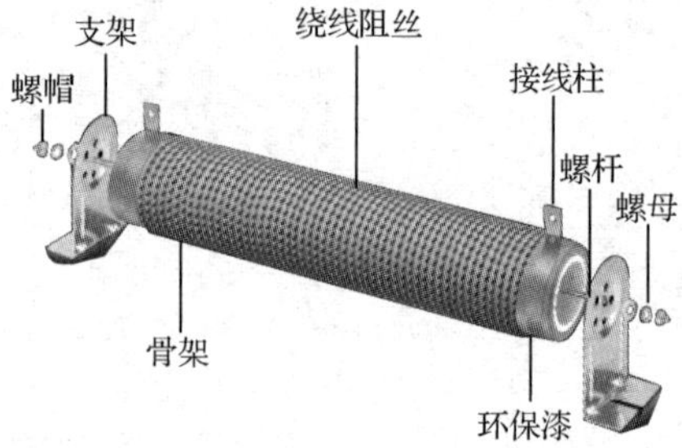

（b）线绕电阻

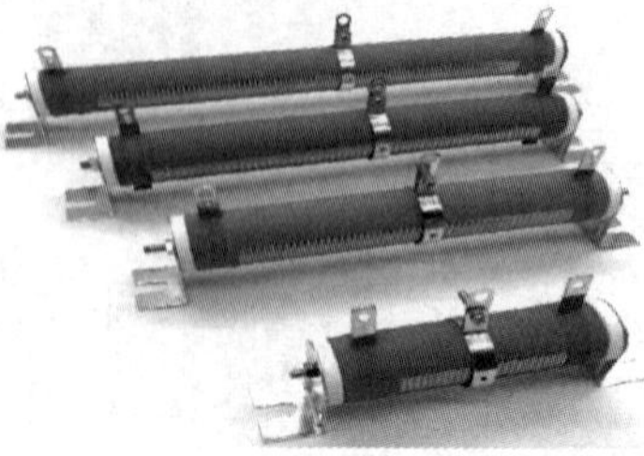

（c）滑线电位器

（d）直滑电位器

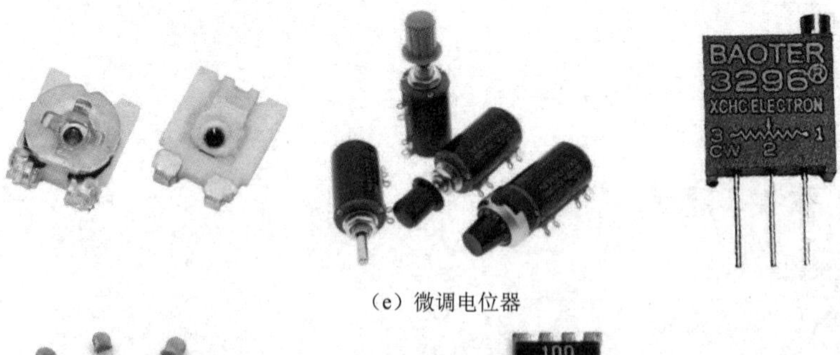

（e）微调电位器

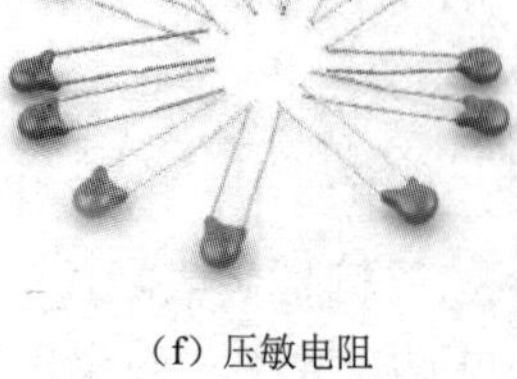

（f）压敏电阻

（g）排阻

（h）带开关的电位器

图 1-1　常用电阻及图形符号

（i）水泥电阻

（j）贴片电阻

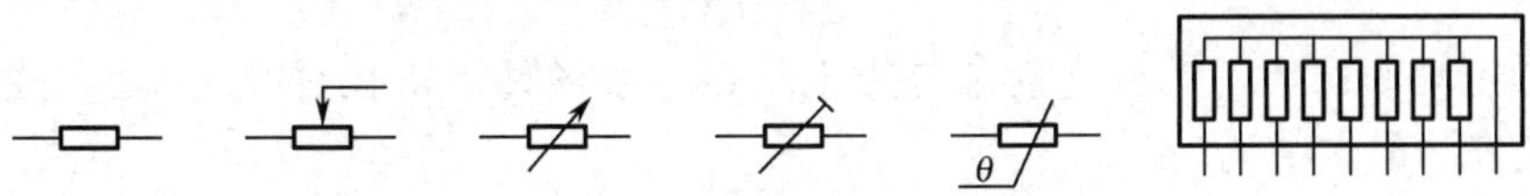

（k）图形符号

图 1-1　常用电阻及图形符号（续）

2. 电阻的主要参数

电阻的主要参数：标称电阻值、允许偏差、额定功率、最高工作温度等。一般只考虑标称电阻值、允许偏差和额定功率。

（1）标称电阻值和允许偏差：标称电阻值是指电阻上面所标注的电阻值，其数值范围应符合《电阻器和电容器优先数系》（GB/T 2471—1995）的规定。电阻的标称电阻值应为表 1-1 所列数值的 10^n 倍，其中 n 为正整数、负整数或零。以 E24 系列电阻为例，其标称电阻值可为 0.12 Ω、1.2 Ω、12 Ω、120 Ω、1.2 kΩ、12 kΩ、1.2 MΩ 等，其他各项依次类推。

允许偏差是指实际电阻值与标称电阻值的差值与标称电阻值之比的百分数，通常为±5%（Ⅰ级）、±10%（Ⅱ级）、±20%（Ⅲ级）。此外，还有其他的允许偏差及标志符号的规定，如表 1-2 所示。

表 1-1　部分系列电阻的偏差标称电阻值

系　列	允 许 偏 差	标称电阻值
E24	±5%（Ⅰ级）	1.0、1.1、1.2、1.3、1.5、1.6、1.8、2.0、2.2、2.4、2.7、3.0、3.3、3.6、3.9、4.3、4.7、5.1、5.6、6.2、6.8、7.5、8.2、9.1
E12	±10%（Ⅱ级）	1.0、1.2、1.5、1.8、2.2、2.7、3.3、3.9、4.7、5.6、6.8、8.2
E6	±20%（Ⅲ级）	1.0、1.5、2.2、3.3、4.7、6.8

表 1-2　允许偏差及标志符号

对称偏差及标志符号				不对称偏差及标志符号	
允许偏差（%）	标志符号	允许偏差（%）	标志符号	允许偏差（%）	标志符号
±0.001	E	±0.5	D	+100 −10	R
±0.002	X	±1	F		
±0.005	Y	±2	G	+50 −20	S
±0.01	H	±5	J		

续表

对称偏差及标志符号				不对称偏差及标志符号	
允许偏差（%）	标志符号	允许偏差（%）	标志符号	允许偏差（%）	标志符号
±0.02	U	±10	K	+80 -20	Z
±0.05	W	±20	M		
±0.1	B	±30	N	+无规定 -20	无标志符号
±0.2	C				

（2）额定功率：电阻的额定功率是指电阻在室温条件下，长时间连续承受直流或交流负荷时所允许的最大消耗功率。

3. 电阻的命名

电阻、电位器的型号由四部分组成，分别代表产品的名称、材料、分类和序号，各部分符号及其含义如表 1-3 所示。

表 1-3　电阻和电位器的型号各部分符号及其含义

第一部分：产品的名称		第二部分：材料		第三部分：分类			第四部分：序号
符号	含义	符号	含义	符号	含义		
					电阻	电位器	
R	电阻	T	碳膜	1	普通	普通	名称、材料特征相同，仅尺寸、性能指标略有差别，但不影响互换的产品采用同一序号。若产品的尺寸、性能指标差别明显、不能互换，则在序号后面增加一个大写字母作为区别代号
		H	合成膜	2	普通	普通	
		S	有机实芯	3	超高频		
		N	无机实芯	4	高阻		
		J	金属膜	5	高温		
		Y	氧化膜	7	精密	精密	
W	电位器	C	沉积膜	8	高压	特殊函数	
		I	玻璃釉膜	9	特殊	特殊	
		P	硼碳膜	G	高功率		
		U	硅碳膜	T	可调		
		X	线绕	W		微调	
		F	复合膜	D		多圈	

例如，普通金属膜电阻的型号为

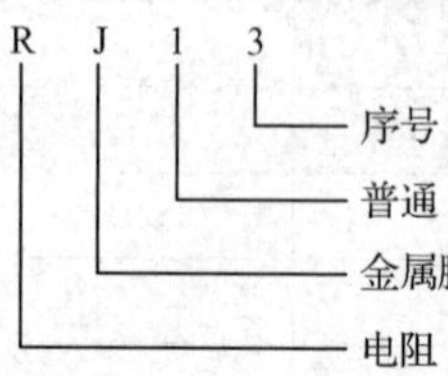

敏感元器件的型号也由四部分组成，第一部分：主称，用 M 表示，说明是敏感元器件；第二部分：类别，用字母表示；第三部分：用途或特征，用字母或数字表示；第四部

分：序号，用数字表示。敏感元器件型号中的符号及其含义如表 1-4 所示。

表 1-4　敏感元器件型号中的符号及其含义

<table>
<tr><th colspan="2">第二部分：类别</th><th colspan="14">第三部分：用途或特征</th></tr>
<tr><th rowspan="2">字母</th><th rowspan="2">意义</th><th colspan="2">热敏电阻</th><th colspan="2">光敏电阻</th><th colspan="2">压敏电阻</th><th colspan="2">湿敏电阻</th><th colspan="2">气敏电阻</th><th colspan="2">磁敏电阻</th><th colspan="2">力敏元件</th></tr>
<tr><th>数字</th><th>用途或特征</th><th>数字</th><th>用途或特征</th><th>符号</th><th>用途或特征</th><th>符号</th><th>用途或特征</th><th>符号</th><th>用途或特征</th><th>符号</th><th>用途或特征</th><th>数字</th><th>用途或特征</th></tr>
<tr><td>F</td><td>负温度系数热敏</td><td>1</td><td>普通用</td><td>1</td><td>紫外光</td><td>W</td><td>稳压用</td><td rowspan="5">C</td><td rowspan="5">测湿用</td><td rowspan="5">Y</td><td rowspan="5">烟敏</td><td rowspan="5">Z</td><td rowspan="5">电阻</td><td>1</td><td>硅应变片</td></tr>
<tr><td>Z</td><td>正温度系数热敏</td><td>2</td><td>稳压用</td><td>2</td><td>紫外光</td><td>G</td><td>过压保护</td><td>2</td><td>硅应变梁</td></tr>
<tr><td>G</td><td>光敏</td><td>3</td><td>微波测量用</td><td>3</td><td>紫外光</td><td>P</td><td>高频用</td><td>3</td><td>硅杯</td></tr>
<tr><td>Y</td><td>压敏</td><td>4</td><td>旁热型</td><td>4</td><td>可见光</td><td>N</td><td>高能用</td><td></td><td></td></tr>
<tr><td>S</td><td>湿敏</td><td>5</td><td>测温用</td><td>5</td><td>可见光</td><td>K</td><td>高可靠性</td><td></td><td></td></tr>
<tr><td>C</td><td>磁敏</td><td>6</td><td>控温用</td><td>6</td><td>可见光</td><td>L</td><td>防雷用</td><td rowspan="2">K</td><td rowspan="2">控湿用</td><td rowspan="2">K</td><td rowspan="2">可燃性</td><td rowspan="2">W</td><td rowspan="2">电位器</td><td></td><td></td></tr>
<tr><td>Q</td><td>气敏</td><td>7</td><td>消磁用</td><td>7</td><td>红外光</td><td>H</td><td>灭弧用</td><td></td><td></td></tr>
</table>

例如，普通旁热型负温度系数热敏电阻的型号为

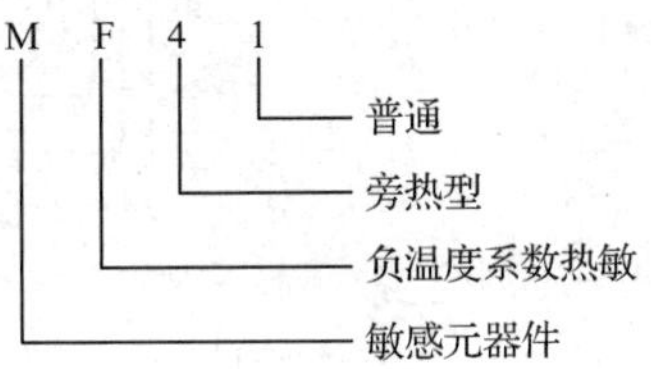

4. 电阻主要参数的标注方法

（1）直标法。

直标法是用阿拉伯数字和单位符号在电阻表面直接标出电阻值和允许偏差的标注方法，如 5.1 kΩ。

（2）文字符号法。

文字符号法是将阿拉伯数字和文字符号有规律地组合起来表示标称电阻值的方法，其允许偏差也用字母表示，如 2R7F［表示（2.7±1%）Ω］、4 k7K［表示（4.7±10%）kΩ］等。

（3）色标法。

色标法是利用不同颜色的色环在电阻表面标出标称电阻值和允许偏差的标注方法，颜色的含义如表 1-5 所示。

表 1-5　颜色的含义

颜　色	有效数字	乘　数	允许偏差（%）
棕	1	10^1	±1
红	2	10^2	±2
橙	3	10^3	—
黄	4	10^4	—

续表

颜 色	有效数字	乘 数	允许偏差（%）
绿	5	10^5	±0.5
蓝	6	10^6	±0.25
紫	7	10^7	±0.1
灰	8	10^8	—
白	9	10^9	—
黑		10^0	—
金		10^{-1}	±5
银		10^{-2}	±10
无色		—	±20

两位有效数字的色标示例如图 1-2（a）所示，该电阻的电阻值为（27 000±10%）Ω。三位有效数字的色标示例如图 1-2（b）所示，该电阻的电阻值为（33 200±10%）Ω。

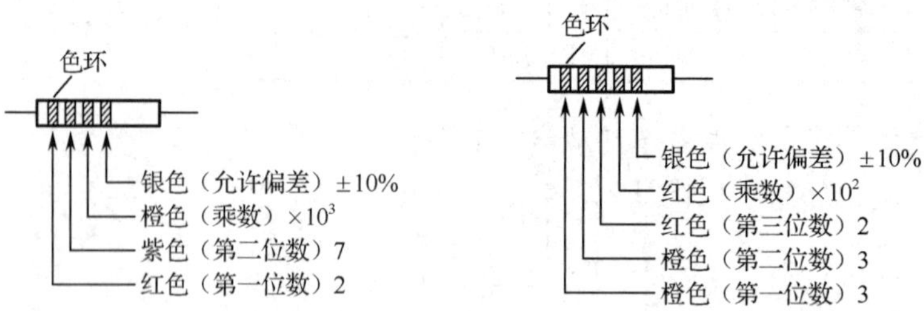

（a）两位有效数字的色标示例　　（b）三位有效数字的色标示例

图 1-2　色环电阻的色标示例

（4）数码表示法。

数码表示法是在电阻上用三位数码表示标称电阻值的标注方法。数码从左到右，第一、二位为有效数字，第三位为指数，即乘 10 的幂次方，单位为 Ω，允许偏差用字母表示。例如，标注为 104 J 的电阻，其电阻值为（10×10^4±5%）Ω；标注为 222 K 的电阻，其电阻值为（22×10^2±10%）Ω。

书写方法：为了方便识别和选用电阻，还应熟悉它的书写方法，以下为举例说明。

例 1：RT-1/2-3.3 kΩ，RT 表示碳膜电阻器，额定功率为 0.5 W，标称电阻值为 3.3 kΩ。

例 2：RJ-1/4-100 Ω，RJ 表示金属膜电阻器，额定功率为 0.25 W，标称电阻值为 100 Ω。

例 3：RX-2-47 Ω，RX 表示线绕电阻，额定功率为 2 W，标称电阻值为 47 Ω。

使用电阻时要注意其材料、额定功率和允许偏差，特别是线绕电阻和其他一些特殊电阻（如熔断电阻等）不可使用其他电阻替换。

5. 电阻测试注意事项

（1）测量前要检查万用表，并了解万用表的误差。

（2）测量电阻时，要先判断一下电阻值的大致范围，以便挑选合适的万用表挡位，或者从万用表的高挡到低挡顺次测量。

（3）测量时观察引脚是否有氧化现象。

（4）测量时要注意，手不要同时接触到两引脚。

6. 电阻测试训练

（1）根据图 1-3 所示的电阻实物，完成电阻的分类及辨识，并将结果填入表 1-6。

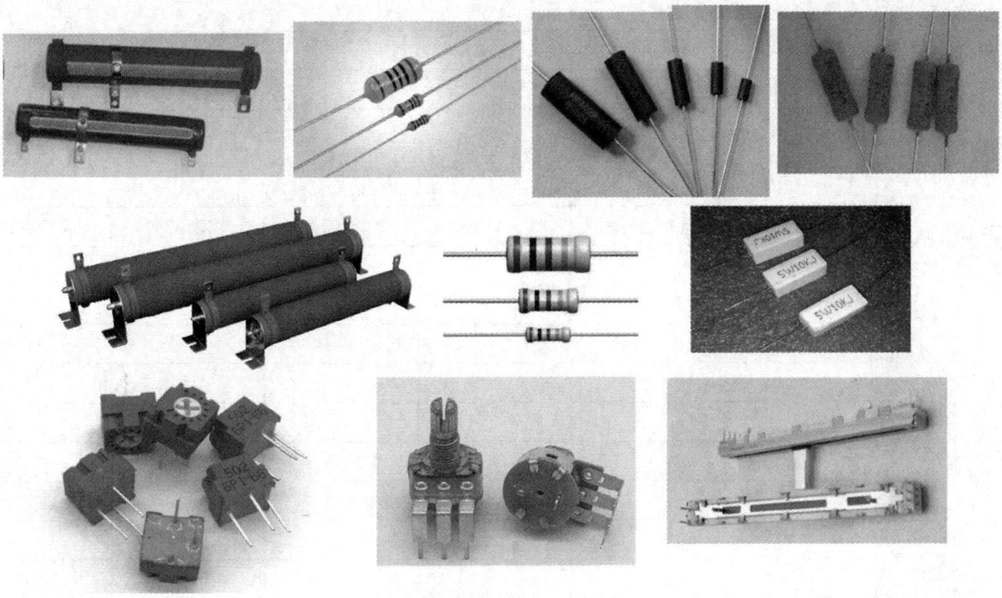

图 1-3　电阻实物

表 1-6　电阻的分类及辨识记录表

任务名称	电阻的分类及辨识		任务编号	DZ1-1
任务要求	正确完成电阻的分类及辨识			
测试仪表	无			
元器件	各种不同材料的电阻			
分类及辨识结果	电阻编号	材料	额定功率	是否可调
结论	① 电阻的外形不同，材料不同，其额定功率也不同。 ② 电阻的种类很多，要注意区分。 ③ 不同的电阻有不同的用途			

（2）根据图 1-3 所示的电阻实物，完成电阻参数的识读及测量，并将结果填入表 1-7。

表 1-7　电阻参数的识读及测量记录表

任务名称	电阻参数的识读及测量			任务编号	DZ1-2	
任务要求	正确识读及测量电阻参数					
测试仪表	万用表 1 块					
元器件	各种不同电阻值、不同允许偏差的电阻					
识读及测量步骤	① 读出电阻上的标称电阻值。 ② 用万用表测量出各电阻的实际电阻值，并与标称电阻值比较。 ③ 读出电阻上的允许偏差，检查各电阻的测量误差是否在允许范围内					
识读及测量结果	电阻编号	标称电阻值	实际电阻值	允许偏差	测量误差	是否合格
结论	① 电阻的标称电阻值与实际电阻值之间存在偏差，但偏差应在允许范围内。 ② 电阻值的测量误差与测量仪器的精度有关					

操作成绩评定

利用给定的电阻对学生进行电阻特性检测技能考核，并对考核过程中学生的操作能力进行评价，将结果填入表 1-8。

表 1-8　电阻特性检测操作能力评价表

序　号	评 价 维 度	评 价 情 况		
		自 我 评 价	小 组 评 价	教 师 评 价
1	电阻的识别与检测			
2	标称电阻值的识读			
3	基于仪表的电阻值检测			
4	电阻功率的识读与检测			
5	电阻合格与否的检测			

总结反思

扫一扫看水泥电阻、铝壳电阻微课视频

扫一扫看贴片电阻微课视频

扫一扫看绕线电阻微课视频

扫一扫看滑动电阻微课视频

扫一扫看可调电阻微课视频

（1）电阻常用的两种判断方法是什么？
（2）哪种电阻的精度更高？
（3）如何测量电位器的电阻值？
（4）什么是熔断电阻？其有什么作用？
（5）如何判断热敏电阻的好坏？
（6）为什么有不同材料的电阻？怎样看出电阻所用的材料？
（7）可调电阻有几类？为什么要这样划分？
（8）关于电阻的功率，在应用中应注意什么？

技能训练 1.2　电容基本特性的测试

扫一扫看电容基本特性的测试教学课件

训练目标

（1）了解电容的基本特性、结构与符号等。
（2）了解电容的分类及主要参数。

训练内容

（1）电容的分类、测试与结果记录。
（2）电容的基本特性与选用。

训练工具、仪表、器材

（1）仪表：万用表。
（2）器材：电容。

训练指导

1. 电容基础

电容器通常称为电容，是组成电路的基本元器件之一，是一种储能元器件，在电路中有隔直、旁路和耦合等作用，用符号 C 表示。

电容按是否有极性，可分为有极性电容和无极性电容两类；按其介质材料不同，可分为空气介质电容、固体介质（云母、纸介、瓷片、涤纶、聚苯乙烯等）电容、电解电容；按容量是否可调节，可分为固定式电容和可变式电容两大类。可变式电容有可变电容和半可变电容（包括微调电容）两类。

常用电容及图形符号如图 1-4 所示。

2. 电容型号命名方法

电容的型号由四部分组成，第一部分：主称，用 C 表示，说明是电容；第二部分：材料，用字母表示；第三部分：分类，用数字表示，个别也用字母表示；第四部分：序号，用数字表示。

(a) 涤纶电容

(b) 密封可变电容

(c) 微调电容

(d) 瓷片电容

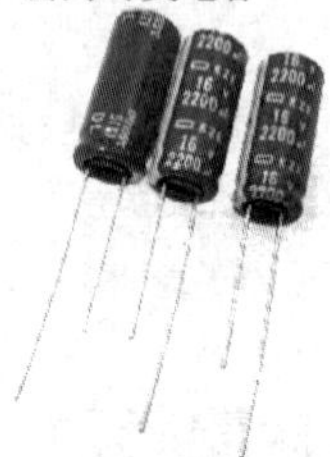

(e) 电解电容

(f) 贴片电容

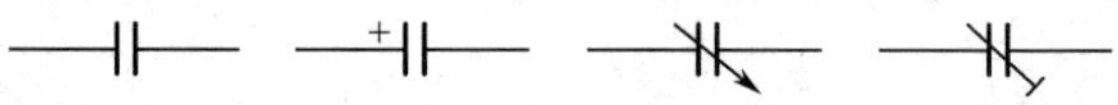

无极性电容　有极性电容　可调电容　预调电容

(g) 图形符号

图 1-4　常用电容及图形符号

电容型号各组成部分所用字母或数字的意义如表 1-9 所示。

表 1-9　电容型号各组成部分所用字母或数字的意义

<table>
<tr><th colspan="4">第二部分：材料</th><th colspan="7">第三部分：分类</th></tr>
<tr><th rowspan="2">字母</th><th rowspan="2">意义</th><th rowspan="2">字母</th><th rowspan="2">意义</th><th rowspan="2">数字</th><th colspan="4">意义</th><th rowspan="2">字母</th><th rowspan="2">意义</th></tr>
<tr><th>瓷介</th><th>云母</th><th>有机介质</th><th>电解</th></tr>
<tr><td>C</td><td>高频瓷</td><td>Q</td><td>漆膜</td><td>1</td><td>圆形</td><td>非密封</td><td>非密封</td><td>箔式</td><td>G</td><td>高功率</td></tr>
<tr><td>T</td><td>低频瓷</td><td>H</td><td>复合</td><td rowspan="2">2</td><td rowspan="2">管形</td><td rowspan="2">非密封</td><td rowspan="2">非密封</td><td rowspan="2">箔式</td><td>W</td><td>微调</td></tr>
<tr><td>I</td><td>玻璃釉</td><td>D</td><td>铝电解质</td><td colspan="2" rowspan="9">说明：新型产品的分类根据发展情况予以补充</td></tr>
<tr><td>O</td><td>玻璃膜</td><td>A</td><td>钽电解质</td><td rowspan="2">3</td><td rowspan="2">叠片</td><td rowspan="2">密封</td><td rowspan="2">密封</td><td rowspan="2">烧结粉
液体</td></tr>
<tr><td>Y</td><td>云母</td><td>N</td><td>铌电解质</td></tr>
<tr><td>V</td><td>云母纸</td><td>G</td><td>合金电解质</td><td rowspan="2">4</td><td rowspan="2">独石</td><td rowspan="2">密封</td><td rowspan="2">密封</td><td rowspan="2">烧结粉
固体</td></tr>
<tr><td>Z</td><td>纸介</td><td rowspan="2">L</td><td rowspan="2">聚酯膜</td></tr>
<tr><td>J</td><td>金属化纸</td><td>5</td><td>穿心</td><td></td><td>穿心</td><td></td></tr>
<tr><td rowspan="2">B</td><td rowspan="2">聚苯乙烯
等有机膜</td><td rowspan="2">LS</td><td rowspan="2">聚碳酸酯有
机薄膜</td><td>6</td><td>支柱</td><td></td><td></td><td></td></tr>
<tr><td>7</td><td></td><td></td><td></td><td>无极性</td></tr>
<tr><td rowspan="2">BF</td><td rowspan="2">聚四氟乙
烯有机膜</td><td rowspan="2">E</td><td rowspan="2">其他材料电
解质</td><td>8</td><td>高压</td><td>高压</td><td>高压</td><td></td></tr>
<tr><td>9</td><td></td><td></td><td></td><td></td></tr>
</table>

例如，CCW1 型圆形微调瓷介电容的命名如下：

C C W 1

- 1 — 序号
- W — 分类（微调）
- C — 材料（高频瓷）
- C — 主称（电容器）

3. 电容的主要参数

电容的主要参数：标称容量及允许偏差、额定工作电压（又称为耐压）、绝缘电阻及其损耗等。

（1）电容的标称容量。

标在电容外壳上的电容量数值称为电容的标称容量。它应符合国家标准《电阻器和电容器优先数系》（GB/T 2471—1995）的规定，如表1-10所示。

表1-10 部分系列电容的标称容量及允许偏差

系列	允许偏差	标称容量
E24	±5%	1.0、1.1、1.2、1.3、1.5、1.6、1.8、2.0、2.2、2.4、2.7、3.0、3.3、3.6、3.9、4.3、4.7、5.1、5.6、6.2、6.8、7.5、8.2、9.1
E12	±10%	1.0、1.2、1.5、1.8、2.2、2.7、3.3、3.9、4.7、5.6、6.8、8.2
E6	±20%	1.0、1.5、2.2、2.3、4.7、6.8

电容量的单位为法拉，简称“法”，用字母 F 表示，有关的电容量单位符号、换算关系及名称为：毫法用 mF 表示，1 mF=10^{-3} F；微法用 μF 表示，1 μF=10^{-6} F；纳法用 nF 表示，1 nF=10^{-9} F；皮法用 pF 表示，1 pF=10^{-12} F。

（2）额定工作电压。

额定工作电压是指电容在电路中长期可靠地工作所允许加的最高直流电压。若电容工作在交流电路中，则交流电压的峰值不得超过额定工作电压。国家对电容的额定工作电压进行了规定，从几伏到几万伏，具体规格：1.6 V、4 V、6.3 V、10 V、25 V、32 V、40 V、50 V、63 V、100 V、125 V、160 V、250 V、300 V、400 V、450 V、500 V、630 V、1 000 V、160 V、2 000 V、2 500 V、3 000 V、4 000 V、5 000 V、8 000 V、10 000 V、15 000 V、20 000 V、25 000 V、30 000 V、35 000 V、40 000 V、45 000 V、50 000 V、60 000 V、80 000 V、100 000 V。

（3）绝缘电阻。

绝缘电阻是指电容两极之间的电阻值，也称为漏电阻，表明电容漏电的大小。绝缘电阻的大小取决于电容的介质性能。

（4）购买电容。

购买电容时，主要考虑电容的类别（如电解、瓷片、涤纶等）、电容量和额定工作电压。

4. 电容主要参数的标注方法

（1）色标法。

色标法是指用不同的色点或色带在电容外壳上标出标称容量及允许偏差的标注方法。颜色的含义原则上与电阻的色标法相同，单位为 pF。例如，若某电容的色带颜色依次为红红黑金，则表示其电容量为（220±5%）pF。

（2）直标法。

直标法是利用数字和文字符号在产品上直接标出电容的标称容量及允许偏差、额定工作电压和制造日期等的标注方法。有的电容由于体积小，习惯上省略其单位，但应遵循如下规则：

凡不带小数点的整数，若无单位，则表示 pF，如 3 300 表示 3 300 pF。

凡带小数点的数值，若无单位，则表示 μF，如 0.47 表示 0.47 μF。

许多小型固定电容，如瓷介电容等，其额定工作电压均在 100 V 以上，由于体积小可以不标注额定工作电压。

（3）文字符号法。

文字符号法是指用字母和数字有规律地组合起来将参数和技术性能标注在电容上的方法，如表 1-11 所示。

表 1-11　电容文字符号及其标称容量

文字符号	标称容量	文字符号	标称容量	文字符号	标称容量
p1	0.1 pF	10p	10 pF	470n	0.47 μF
1p	1 pF	3n3	3 300 pF	4μ7	4.7 μF
4p7	4.7 pF	47n	47 000 pF	4m7	4 700 μF

（4）三位数码表示法。

三位数码表示法是用三位数字表示电容量大小的方法，单位为 pF。前两位表示有效数字，最后一位表示 10 的幂次方。但第三位为 9 时表示有效数字乘以 0.1。例如，102 表示 1 000 pF；101 表示 100 pF；479 表示 4.7 pF。

（5）电容量在电路图中的标注。

电容量在电路图中有 3 种标注方法：

① 不带小数点，也不带单位的电容量，其单位为 pF，如 100 表示电容量为 100pF。

② 带小数点，不带单位的电容量，其单位为 μF，如 0.01 表示电容量为 0.01μF。

③ 不带小数点，但带有单位的电容量，其单位为 μF，如 100 μF/50V 表示电容量为 100 μF，额定工作电压为 50 V。

5. 电容使用注意事项

① 电容外形应完整，引线不应松动。

② 电解电容的极性不能接反，否则会引起爆炸。引脚长的是正极，或者看外壳上标有“-”号的引脚是负极，但有的电解电容无正、负极。

③ 电容的额定工作电压是指正向额定工作电压，使用时应符合要求。

④ 温度对电解电容的漏电流、电容量及寿命都有影响，一般的电解电容只能在 50 ℃以下的环境中使用。

⑤ 用于脉冲电路中的电容，应选用频率特性和耐温性能较好的电容，一般为涤纶、云母、聚苯乙烯等电容。

⑥ 可变电容的动片应接地，这样调节时不会干扰电路。

⑦ 可变电容在长时间使用后，动片与定片之间会有灰尘，应定期清洁处理。

⑧ 涤纶电容的电容量相对稳定，但不能用于高频场景；而瓷片电容可以用于高频场景。

6. 电容测试步骤

（1）检测 10 pF 以下的电容。

因 10 pF 以下电容的电容量太小，用万用表进行测量只能定性地检查其是否有漏电、内部短路或击穿现象。测量时，可选用万用表的“R×10 k”挡，将两表笔分别接电容的两个引脚，电阻值应为无穷大。若测出电阻值（指针向右摆动）或电阻值为零，则说明电容漏电或内部击穿。

（2）检测 10 pF～0.01 μF 的电容。

方法与检测 10 pF 以下的电容相同，其区别是万用表测得的电容两端的电阻值很大，大于 20 MΩ，但不是无穷大。

对于小容量电容最好使用电容表进行测量。目前好一点的万用表有电容挡，可以通过电容挡进行测量。普通磁片电容的允许偏差比较大，测得的数值有偏差也正常。

（3）检测 0.01 μF 以上的电容。

先用两表笔分别触碰电容的两引脚，然后调换表笔再触碰一次，如果电容完好，那么万用表指针会向右摆动一下，随即向左迅速返回无穷大位置。电容量越大，指针摆动的幅度越大。若反复调换表笔触碰电容的两引脚，万用表指针始终不向右摆动，则说明该电容的电容量已低于 0.01μF 或者该电容已经失效。在测量过程中，若指针向右摆动后不能再向左回到无穷大位置，则说明电容漏电或已经击穿。

用 500 型万用表的“R×10 k”挡实测 0.01～1 μF 电容的电容量，其指针向右摆动位置对应的电阻值如表 1-12 所示。

表 1-12　实测电容量与万用表指针向右摆动位置对应的电阻值

电容量（μF）	0.01	0.022	0.047	0.068	0.1	0.22	0.33	0.47	1
万用表指针向右摆动位置对应的电阻值	20 MΩ	10 MΩ	4.5 MΩ	4 MΩ	3 MΩ	1.4 MΩ	850 kΩ	400 kΩ	45 kΩ

（4）电解电容的检测。

① 需正确选择万用表的电阻挡，因电解电容的电容量较大，所以在测量时，应根据不同的电容量选用合适的量程。一般情况下，1～47 μF 的电容可用万用表的“R×1k”挡测量，大于 47 μF 的电容可用万用表的“R×100”挡测量。

② 将万用表红表笔接负极，黑表笔接正极，在刚接触的瞬间，万用表指针立即向右偏转较大幅度，接着逐渐向左回转，直到停在某一位置。此时的电阻值便是电解电容的正向漏电阻。此值越大，说明漏电流越小，电容性能越好。然后将红、黑表笔对调，万用表指针将重复上述摆动现象，但此时所测得的电阻值为电解电容的反向漏电阻，此值小于正向漏电阻，即反向漏电流比正向漏电流要大。实践经验表明，电解电容的漏电阻一般为几百千欧以上，否则将不能正常使用。在测量时，若正向、反向均无充放电现象，即指针不动，则说明电容量消失或内部开路；若所测得的电阻值很小或为零，则说明电容漏电流大或已击穿损坏。

③ 估测电解电容的电容量：使用万用表的电阻挡，采用对电解电容进行正向、反向充放电的方法，根据指针向右摆动幅度的大小，可估测电解电容的电容量，表 1-13 所示为用 500 型万用表测试电解电容的测试数据。

扫一扫看启动电容微课视频

扫一扫看聚丙烯薄膜电容微课视频

扫一扫看独石电容微课视频

扫一扫看钽电容微课视频

扫一扫看贴片电容微课视频

扫一扫看电解电容微课视频

扫一扫看电路中的电容微课视频

表 1-13　用 500 型万用表测试电解电容的测试数据

电容量（μF）	万用表指针向右摆动位置对应的电阻值	万用表电阻挡位	电容量（μF）	万用表指针向右摆动位置对应的电阻值	万用表电阻挡位
1	210 kΩ	R×1 k	100	2.2 kΩ	R×100
2.2	110 kΩ	R×1 k	220	750 Ω	R×100
3.3	55 kΩ	R×1 k	330	500 Ω	R×100
4.7	50 kΩ	R×1 k	470	120 Ω	R×100
6.8	34 kΩ	R×1 k	1 000	230 Ω	R×10
10	21 kΩ	R×1 k	2 200	90 Ω	R×10
22	8.5 kΩ	R×1 k	3 300	75 Ω	R×10
33	5 kΩ	R×1 k	4 700	26 Ω	R×10
47	3.2 kΩ	R×1 k			

7. 电容测试训练

（1）根据图 1-5 所示的电容实物，完成电容的分类及辨识，并将结果填入表 1-14。

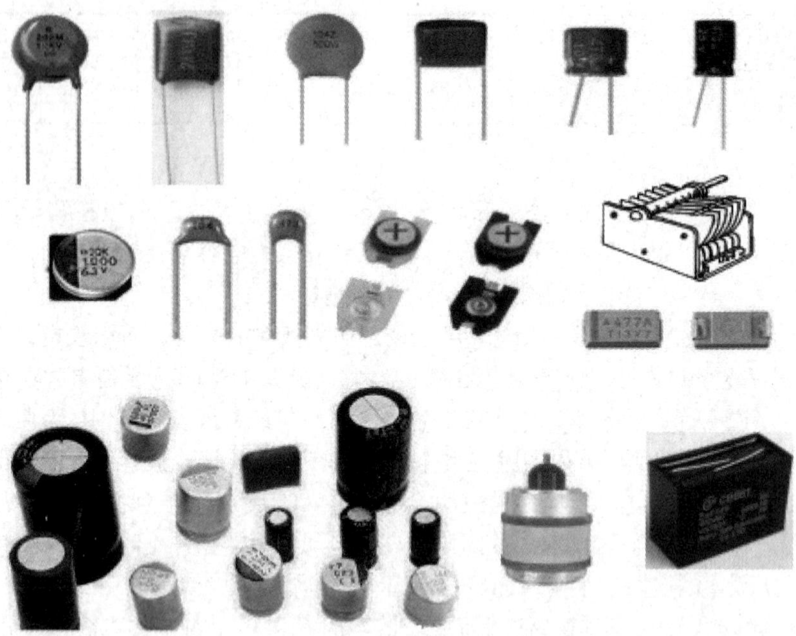

图 1-5　电容实物

表 1-14　电容的分类及辨识记录表

任务名称	电容的分类及辨识	任务编号	DZ1-3
任务要求	正确完成电容的分类及辨识		
测试仪表	无		
元器件	各种不同材料的电容		

续表

	电容编号	材料	有无极性	是否可调
分类及辨识结果				
结论	① 电容的外形不同，材料不同，其用途也不同。 ② 一般电解电容有正、负极，但也有无极性电解电容，如 NP 电容、BP 电容			

（2）根据图 1-5 所示的电容实物，完成电容参数的识读及测量，并将结果填入表 1-15。

表 1-15　电容参数的识读及测量记录表

任务名称	电容参数的识读及测量		任务编号	DZ1-4
任务要求	正确识读及测量电容的参数			
测试仪表	万用表 1 块			
元器件	各种不同电容量、不同允许偏差的电容			
识读及测量步骤	① 读出电容上的标称容量。 ② 用万用表初步测量出各电容的电阻值。 ③ 读出电容上的允许偏差			

	电容编号	标称容量	测量电阻值	允许偏差	是否合格
识读及测量结果					
结论	① 电容一般只能初步识读标称容量，测量误差大是正常的。 ② NP 电容、BP 电容本质上是有正、负极的，但是经过了特殊工艺处理。 ③ 电解电容的正、负极是不能接错的，否则会引起爆炸				

操作成绩评定

利用给定的电容对学生进行电容特性检测技能考核，并对考核过程中学生的操作能力进行评价，将结果填入表 1-16。

表 1-16　电容特性检测操作能力评价表

序　号	评价维度	评价情况		
		自我评价	小组评价	教师评价
1	电容的识别与检测			
2	标称容量的识读			
3	基于仪表的电容量检测			
4	电容额定工作电压的识读与检测			
5	电容合格与否的检测			

总结反思

（1）为什么有不同材料的电容？它们的性能是否不同？

（2）有的电容为什么要区分极性？

（3）为什么用万用表测试电容时，万用表的指针会发生偏转？

（4）电解电容上面的十字痕迹是防爆槽，每当电容介质发生变化时，加电会产生热量，形成气体，达到一定压力后，可将防爆槽拱开，以免发生什么事故？

技能训练 1.3　电感基本特性的测试

扫一扫看电感基本特性的测试教学课件

训练目标

（1）了解电感的基本特性、结构与符号等。

（2）了解电感的分类及主要参数。

训练内容

（1）电感的分类、测试与结果记录。

（2）电感的基本特性与选用。

训练工具、仪表、器材

（1）仪表：万用表。

（2）器材：电感。

训练指导

1. 电感基础

电感器通常简称为电感，是指能够把电能转化为磁能而存储起来的元器件。电感的结构类似于变压器，但只有一个绕组。电感具有阻碍电流变化的作用，无线电整机设备中的电感主要指各种线圈。线圈按用途不同，可分为高频扼流圈、低频扼流圈、调谐线圈、退耦线圈、提升线圈、稳频线圈等。

常用线圈及图形符号如图 1-6 所示。

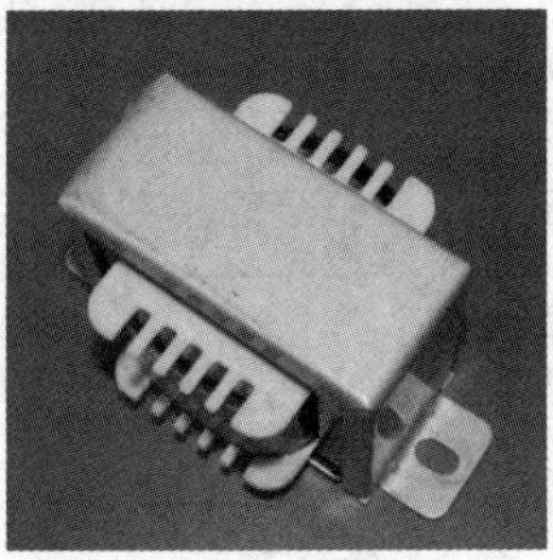

（a）低频扼流圈

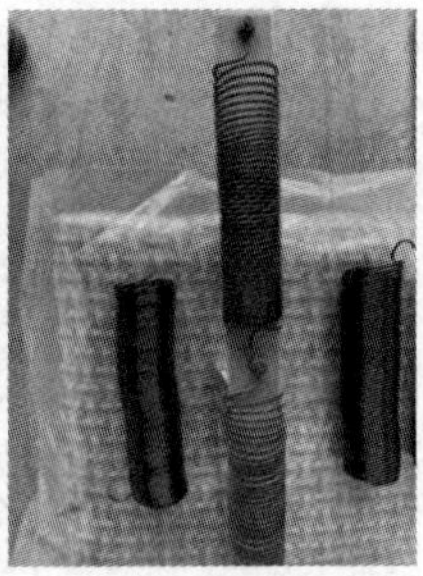

（b）高频扼流圈

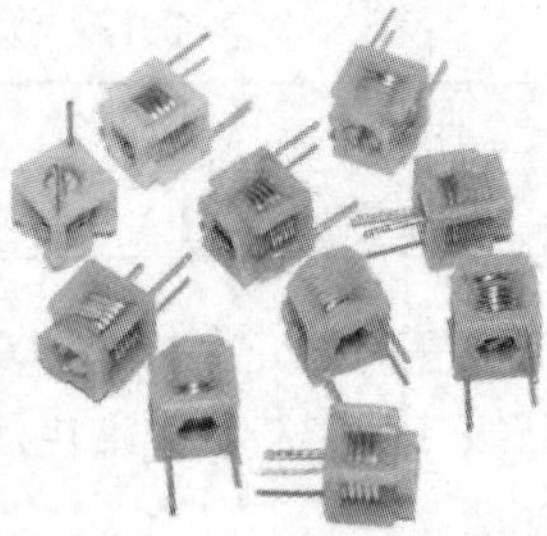

（c）可调线圈

（d）空心线圈

（e）固定电感

（f）无线线圈

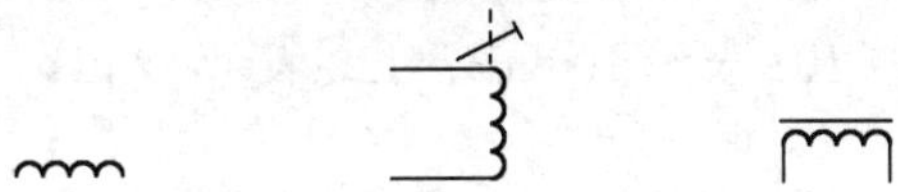

线圈或扼流圈　　预调线圈　　带磁芯的电感

（g）图形符号

图 1-6　常用线圈及图形符号

2. 电感的主要参数

（1）标称电感量：电感量的单位是亨（或亨利），用字母 H 表示，实际标称电感量常用毫亨（mH）和微亨（μH）表示。其中，1 H=1 000 mH =1 000 000 μH。

（2）品质因数：品质因数是指线圈的感抗与线圈总损耗电阻值的比值，用 Q 表示，其计算公式为

$$Q=(2\pi fL)/R=(\omega L)/R$$

在谐振回路中，线圈的 Q 值越高，谐振回路的损耗越小。

（3）分布电容：分布电容是指线圈的线匝间形成的电容。它的存在降低了线圈的品质因数，通常要尽量减小分布电容。

（4）额定电流：额定电流是指电感正常工作时允许通过的最大电流，若工作电流大于额定电流，则电感不仅会产生较大的电压降，还会因发热而改变参数，严重时会烧毁。

（5）选用电感时主要考虑的是电感的类型、电感量和额定电流。

3. 固定电感主要参数的标注方法

固定电感主要参数的标注方法有直标法、色标法、数码表示法。

（1）直标法。

直标法是指在固定电感的外壳上直接用文字标出标称电感量、允许偏差、额定电流等的标注方法，其中额定电流常用字母 A、B、C、D、E 标注。固定电感的字母和额定电流的对应关系如表 1-17 所示。

表 1-17　固定电感的字母和额定电流的对应关系

字　母	A	B	C	D	E
额定电流（mA）	50	150	300	700	1 600

若某固定电感的外壳上标有 3.9 mH、Ⅱ、A 等字样，则表示其标称电感量为 3.9 mH，允许偏差为Ⅱ级（±10%），额定电流为 A 级（50 mA）。

（2）色标法。

色标法是指在固定电感的外壳上标有各种不同颜色的色环，用来表示其主要参数。色环表示的意义、颜色和数字的对应关系与电阻的色标法相同，单位为微亨（μH）。例如，若某固定电感的色环颜色依次为红红银金，则表示其电感量为（0.22±5%）μH；若某固定电感的色环颜色依次为棕红红银，则表示其电感量为（1 200±10%）μH；若某固定电感的色环颜色依次为黄紫金银，则表示其电感量为（4.7±10%）μH。

（3）数码表示法。

标称电感量采用三位数字表示，前两位数字表示电感量的有效数字，第三位数字表示补 0 的个数，小数点用 R 表示，单位为 μH。例如，222 表示 2 200 μH；102 表示 1 000 μH；151 表示 150 μH；101 表示 100 μH；120 表示 12 μH；100 表示 10 μH；1R8 表示 1.8 μH；R68 表示 0.68 μH。

4. 电感测试及注意事项

将万用表置于“R×1”挡，红、黑表笔各接电感的任一引出端，此时指针应向右摆动。根据测得的电阻值大小，可分为以下两种情况进行鉴别。

（1）若被测电感的电阻值为零，则说明其内部有短路性故障。

（2）被测电感的电阻值大小与绕制电感线圈所用漆包线的线径、绕制圈数有直接关系，只要能测出电阻值，则可认为被测电感是正常的。

5. 电感测试训练

根据图 1-7 所示的电感实物，完成电感参数的识读及测量，并将结果填入表 1-18。

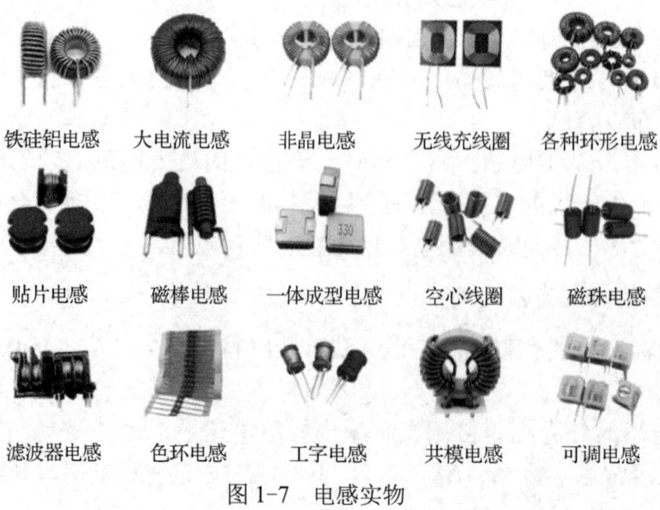

图 1-7　电感实物

扫一扫看变压器电感微课视频

扫一扫看环形变压器电感微课视频

扫一扫看其他电感微课视频

扫一扫看电路中电感微课视频

表 1-18　电感参数的识读及测量记录表

任务名称	电感参数的识读及测量			任务编号	DZ1-5	
任务要求	正确识读及测量电感的参数					
测试仪表	万用表 1 块					
元器件	不同型号、不同允许偏差的电感					
识读及测量步骤	① 读出电感上的标称电感量和额定电流。 ② 用万用表初步测量出各电感的电阻值。 ③ 读出电感上的允许偏差					
识读及测量结果	电感型号	标称电感量	额定电流	测量电阻值	允许偏差	是否合格
结论	① 电感的外形不同，材料不同，其电感量也不同。 ② 电感的种类很多，要注意区分。 ③ 不同的电感有不同的用途					

操作成绩评定

利用给定的电感对学生进行电感特性检测技能考核，并对考核过程中学生的操作能力进行评价，将结果填入表 1-19。

表 1-19　电感特性检测操作能力评价表

序　　号	评 价 维 度	评 价 情 况		
		自 我 评 价	小 组 评 价	教 师 评 价
1	电感的识别与检测			
2	标称电感量的识读			
3	基于仪表的电感量检测			
4	电感额定电流的识读与检测			
5	电感合格与否的检测			

总结反思

（1）怎样对电感进行简易测试？

（2）用万用表电阻挡测量电感的电阻值，若被测电感的电阻值为零，则说明什么？若被测电感的电阻值为无穷大，则说明什么？

技能训练 1.4　继电器基本特性的测试

扫一扫看继电器基本特性的测试教学课件

训练目标

（1）了解继电器的基本特性、结构与符号等。
（2）了解继电器的分类及主要参数。

训练内容

（1）继电器的分类、测试与结果记录。
（2）继电器的基本特性与选用。

训练工具、仪表、器材

（1）仪表：万用表。
（2）器材：继电器。

训练指导

1. 继电器基础

继电器是一种控制式自动电器，它具有控制系统（又称为输入回路）和被控制系统（又称为输出回路）。继电器是用来实现电路连接点闭合或切断的控制器件，通常用在自动控制系统、遥控遥测系统、通信系统的控制设备或保护装置中，当作为被控制量的参数（如电压、电流、温度、压力等）达到预定值时，继电器开始动作，使被控制系统接通或断开，从而实现所要求的控制和保护。

常见的继电器及图形符号如图 1-8 所示。

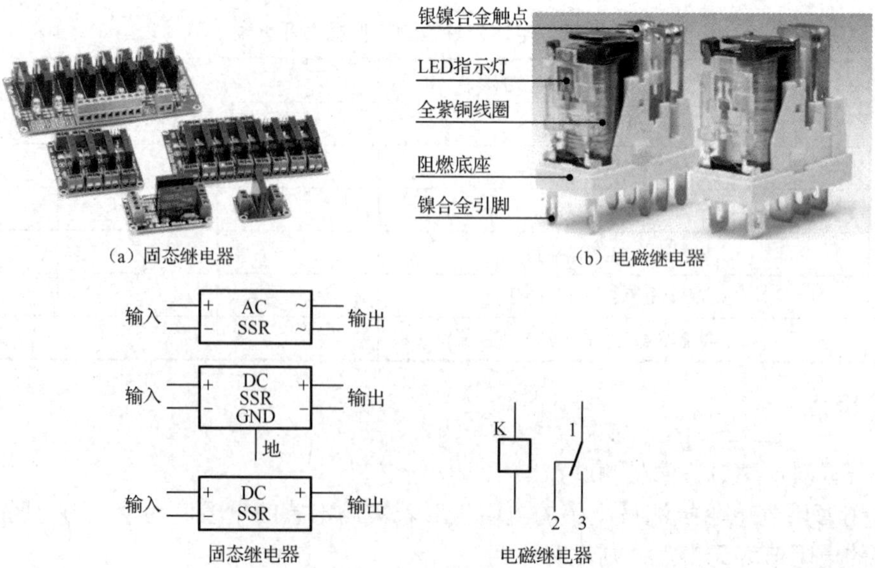

（a）固态继电器　（b）电磁继电器

（c）图形符号

图 1-8　常见的继电器及图形符号

2. 继电器的分类

继电器的种类很多，按动作原理或结构特征不同，可分为电磁继电器、固态继电器、热继电器、温度继电器、光电继电器、霍尔效应继电器等。

① 电磁继电器：指由控制电流通过线圈时产生的电磁吸引力驱动磁路中的可动部分来实现触点开闭或转换的继电器。这种继电器中常用的为直流继电器，控制电流为直流电流；交流继电器，控制电流为交流电流。

② 固态继电器：一种无触点全固体的电子器件，其开闭电路的功能和输入/输出的绝缘程度与电磁继电器相当。

③ 热继电器：利用热效应动作。

④ 温度继电器：外界温度达到规定值时动作。

⑤ 光电继电器：利用光电效应动作。

⑥ 霍尔效应继电器：利用半导体的霍尔效应动作。

3. 有关继电器的名词及参数

① 释放状态：指继电器线圈未得到激励时，继电器所处的初始状态。

② 吸合状态：也称为动作状态，指在线圈中施加足够的激励量，使触点组完整地完成规定动作后所呈现的状态。

③ 吸合电压（或吸合电流）正常值：指继电器在 20 ℃时吸合电压（或电流）的最大允许值。

④ 释放电压（或释放电流）正常值：指继电器在 20 ℃时释放电压（或电流）的最小允许值。

⑤ 额定电压（或额定电流）：指继电器正常工作时所规定的线圈电压（或电流）的标称值。

⑥ 触点额定负载：指在规定的环境条件和动作寿命次数条件下，规定的触点开路电压最大值和闭路电流最大值之积，一般用伏安作为单位。

⑦ 接触电阻：指从引出端测得的一组闭合触点间的电阻值。

⑧ 寿命：指继电器在规定的环境条件和触点负载下，按产品技术标准要求能够正常动作的最少次数（动作次数）。

⑨ 吸合时间：指从给线圈加额定值激励时起，到所有触点达到吸合状态所需要的时间。

⑩ 释放时间：指从线圈撤销激励时起，到触点恢复至释放状态所需要的时间。

4. 常用继电器型号

常用继电器型号的命名组成如表 1-20 所示。

5. 固态继电器的性能特点与使用注意事项

固态继电器（Solid State Relay，SSR）是现代微电子技术与电力电子技术相结合发展起来的一种用固体元件组装而成的新型无触点开关器件，它可以实现用微弱的控制信号对几十安甚至几百安电流的负载进行无触点通断控制，目前已得到广泛应用。

（1）固态继电器的性能特点。

① 固态继电器的输入端只需要很小的控制电流（几毫安），而输出端则采用大功率晶

体管或双向晶闸管来接通或断开负载。

② 与 TTL、HTL、CMOS 等集成电路具有很好的兼容性。

③ 由于固态继电器在开关过程中无机械接触部件，因此该器件具有可靠、开关速度快、寿命长、噪声低、干扰小等特点。

表 1-20 常用继电器型号的命名组成

继电器名称	第一部分：主称代号	第二部分：外形符号	第三部分：短划线	第四部分：序号	第五部分：防护特征
切换微负载 直流≤5 W 交流≤15 VA	JW（继微）	W（微型，最长边尺寸≤10 mm） C（超小型，10 mm<最长边尺寸≤25 mm） X（小型，25 mm<最长边尺寸≤50 mm）	—		M（密封） F（封闭）
切换弱负载 直流≤5 W 交流≤120 VA	JR（继弱）				
切换中负载 直流≤150 W 交流≤500 VA	JZ（继中）				
切换大负载 直流>5 W 交流>15 VA	JQ（继强）				

（2）固态继电器的使用注意事项。

① 固态继电器的负载能力会随温度的升高而下降。因此，在温度较高的情况下，选用的固态继电器的负载能力必须留有一定余地。

② 当固态继电器断开和接通感性负载时，其输出端必须加接压敏电阻用于保护，其额定电压可以根据电源电压有效值的 1.9 倍进行选择。

③ 因为组成固态继电器的内部电子元件均具有一定漏电流，其值通常为 5～10 mA，所以在使用时，尤其是在开关小功率电机和变压器时，容易产生误动作。

④ 使用固态继电器时，切忌负载两端短路，以免损坏器件。

⑤ 对于焊接式的固态继电器，在焊接时温度应不高于 260 ℃，焊接时间应不大于 10 s。

（3）选用继电器时考虑的方面。

选用继电器时主要考虑的方面：触点组数、触点允许流过的最大电流、控制电压的性质（交流还是直流）、电压的大小等。

6. 继电器测试注意事项

（1）测量继电器线圈的电阻值时，先将万用表置于电阻挡，然后将两个表笔接至继电器线圈的两端，如果继电器线圈没有损坏，那么电阻值应接近于零。

（2）将万用表置于蜂鸣挡或者电阻挡，将两个表笔接至继电器输出端两端，在常开触点，测得的电阻值应为无穷大或者蜂鸣器不发出嘀嘀的响声；在常闭触点，测得的电阻值应接近于零或者蜂鸣器发出嘀嘀的响声。

7. 继电器测试训练

根据图 1-9 所示的继电器实物，完成继电器参数的识读及测量，并将结果填入表 1-21。

图 1-9　继电器实物

表 1-21　继电器参数的识读及测量记录表

<table>
<tr><td>任务名称</td><td colspan="3">继电器参数的识读及测量</td><td colspan="2">任务编号</td><td>DZ1-6</td></tr>
<tr><td>任务要求</td><td colspan="6">正确识读及测量继电器参数</td></tr>
<tr><td>测试仪表</td><td colspan="6">万用表 1 块</td></tr>
<tr><td>元器件</td><td colspan="6">各种不同型号、不同结构的继电器</td></tr>
<tr><td>识读及测量步骤</td><td colspan="6">① 读出继电器的型号。
② 用万用表初步测量出相应端之间的电阻值</td></tr>
<tr><td rowspan="7">识读及测量结果</td><td rowspan="2">继电器编号</td><td rowspan="2">型号</td><td rowspan="2">常开触点功能</td><td rowspan="2">常闭触点功能</td><td colspan="2">相应端阻抗</td></tr>
<tr><td>常态</td><td>触发</td></tr>
<tr><td></td><td></td><td></td><td></td><td></td><td></td></tr>
<tr><td></td><td></td><td></td><td></td><td></td><td></td></tr>
<tr><td></td><td></td><td></td><td></td><td></td><td></td></tr>
<tr><td></td><td></td><td></td><td></td><td></td><td></td></tr>
<tr><td></td><td></td><td></td><td></td><td></td><td></td></tr>
<tr><td>结论</td><td colspan="6">① 继电器的外形不同，材料不同，其阻抗也不同。
② 继电器的种类很多，要注意区分。
③ 不同的继电器有不同的动作过程和用途</td></tr>
</table>

操作成绩评定

利用给定的继电器对学生进行继电器特性检测技能考核，并对考核过程中学生的操作能力进行评价，将结果填入表 1-22。

扫一扫看 YJ2N-GS 型继电器微课视频

扫一扫看 JD1914 型继电器微课视频

扫一扫看 HH52P 型继电器微课视频

扫一扫看电路中的继电器微课视频

表 1-22　继电器特性检测操作能力评价表

序　号	评价维度	评价情况		
		自我评价	小组评价	教师评价
1	继电器的识别与检测			
2	继电器标称值的识读与检测			
3	基于仪表的继电器特性检测			
4	继电器阻抗的检测			
5	继电器合格与否的检测			

总结反思

（1）怎样对继电器进行简易测试？
（2）如何区分继电器的种类？
（3）什么是继电器？继电器是怎样工作的？
（4）固态继电器有哪些特点？

技能训练 1.5　半导体器件基本特性的测试

扫一扫看半导体器件基本特性的测试教学课件

训练目标

（1）了解半导体器件的基本特性、结构与符号等。
（2）了解半导体器件的分类及主要参数。

训练内容

（1）半导体器件的分类、测试与结果记录。
（2）半导体器件的基本特性与选用。

训练工具、仪表、器材

（1）仪表：万用表。
（2）器材：半导体器件。

训练指导

1. 半导体器件基础

半导体器件是利用硅、锗或砷化镓等半导体材料，采用不同的工艺和几何结构制造的二端和三端电子器件，可用来产生、控制、接收、变换、放大信号和进行能量转换。在众多的半导体器件中，最常见的是半导体二极管、三极管和场效应晶体管。

我国半导体分立器件型号各组成部分的符号及意义如表 1-23 所示。

表 1-23 我国半导体分立器件型号各组成部分的符号及意义

第一部分		第二部分		第三部分				第四部分
用数字表示器件的电极数目		用汉语拼音字母表示器件的材料和极性		用汉语拼音字母表示器件的类型				
符号	意义	符号	意义	符号	意义	符号	意义	
2	二极管	A B C D	N 型，锗材料 P 型，锗材料 N 型，硅材料 P 型，硅材料	A D G X P	高频大功率管 低频大功率管 高频小功率管 低频小功率管 小信号管	W Z U CS T GF	稳压二极管 整流二极管 光敏管 场效应晶体管 闸流管 发光二极管	用数字表示器件的序号
3	三极管	A B C D	PNP 型，锗材料 NPN 型，锗材料 PNP 型，硅材料 NPN 型，硅材料					

例如，根据我国半导体分立器件型号的命名方法，3DG6 指 NPN 型高频小功率硅三极管，2AP9 指 N 型小信号锗二极管。

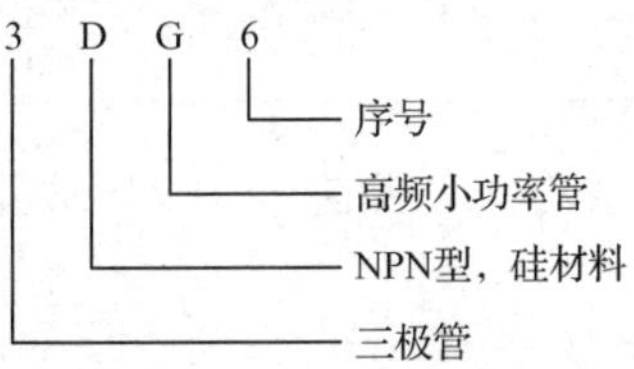

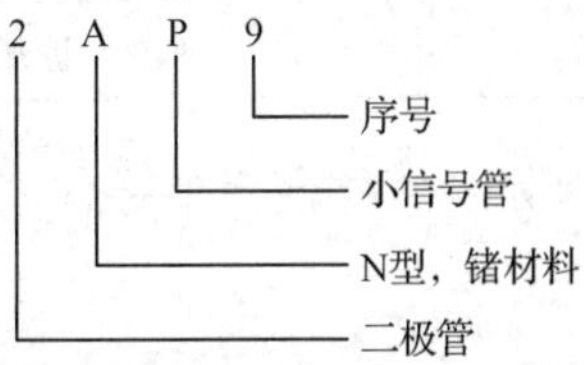

日本半导体器件型号各组成部分的符号及意义如表 1-24 所示。

表 1-24 日本半导体器件型号各组成部分的符号及意义

第一部分		第二部分		第三部分		第四部分
用数字表示器件的电极数目		在日本注册标志		用字母表示器件材料和类型		在日本电子工业协会（JEIA）登记的顺序号
符号	意义	符号	意义	符号	意义	
1 2	二极管 三极管	S	已在日本电子工业协会（JEIA）注册登记的半导体器件	A B C D J K	PNP 型高频管 PNP 型低频管 NPN 型高频管 NPN 型低频管 P 沟道场效应晶体管 N 沟道场效应晶体管	多位数字

例如，根据日本半导体器件型号的命名方法，2SA456 指 PNP 型高频三极管。

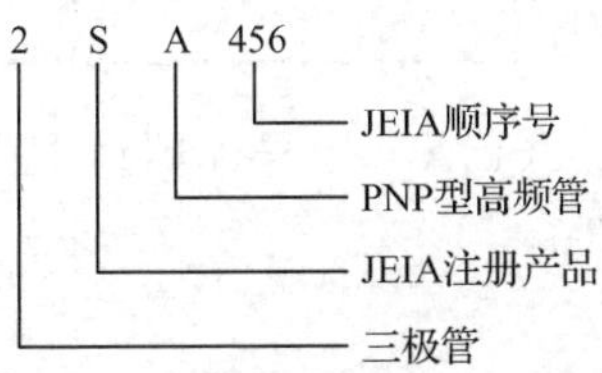

国际电子联合会半导体器件型号各组成部分的符号及意义如表 1-25 所示。

表 1-25　国际电子联合会半导体器件型号各组成部分的符号及意义

第一部分		第二部分		第三部分		第四部分	
用字母表示器件的材料		用字母表示器件的类型和主要特性		用数字或字母加数字表示登记号		用字母对同一型号分档	
符号	意义	符号	意义	符号	意义	符号	意义
A B C	锗材料 硅材料 砷化镓	A	检波、开关、混频二极管	三位数字	通用半导体器件的登记号	A B C D E	同一型号半导体器件按某一参数进行分档的标志
		B	变容二极管				
		C	低频小功率三极管				
		D	低频大功率三极管				
		F	高频小功率三极管	一个字母加两位数字	专用半导体器件的登记号		
		L	高频大功率三极管				
		P	光敏器件				
		Q	发光器件				
		S	小功率开关管				
		T	大功率晶闸管				
		U	大功率开关管				
		Y	整流二极管				
		Z	稳压二极管				

例如，根据国际电子联合会半导体器件型号的命名方法，AF246S 指高频小功率锗三极管。

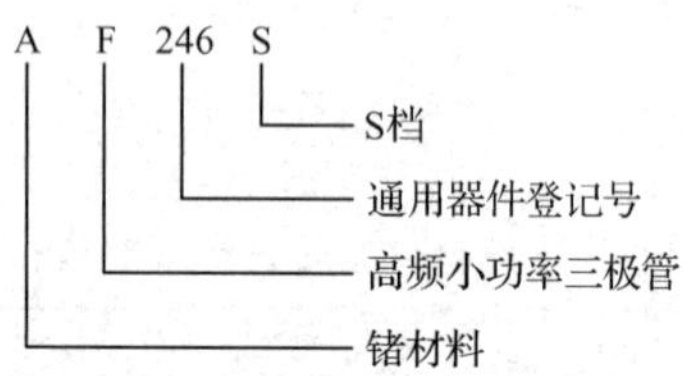

美国电子工业协会（EIA）半导体器件型号各组成部分的符号及意义如表 1-26 所示。

表 1-26　美国电子工业协会（EIA）半导体器件型号各组成部分的符号及意义

第一部分		第二部分		第三部分		第四部分		第五部分	
用符号表示器件用途的类型		用数字表示 PN 结的个数		EIA 注册标志		EIA 登记顺序号		用字母表示器件分档	
符号	意义	符号	意义	符号	意义	符号	意义	符号	意义
JAN	军用品级	1	二极管	N	已在 EIA 注册	多位数字	在 EIA 登记的顺序号	A B C D	同一型号器件的不同档别
		2	三极管						
（无）	非军用品级	3	有三个 PN 结的器件						

例如，根据美国电子工业协会（EIA）半导体器件型号的命名方法，1N4007 指普通二极管，JAN2N3251A 指军用三极管。

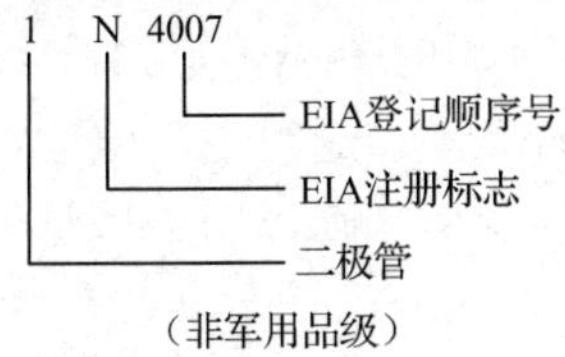

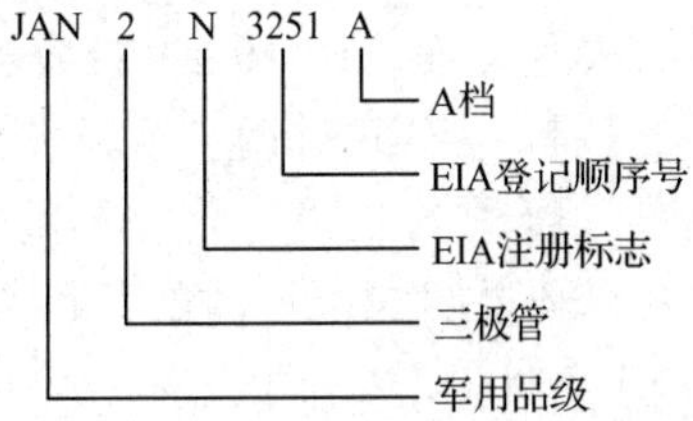

2. 二极管

（1）常见二极管的外形与图形符号分别如图 1-10 和图 1-11 所示。

图 1-10　常见二极管的外形

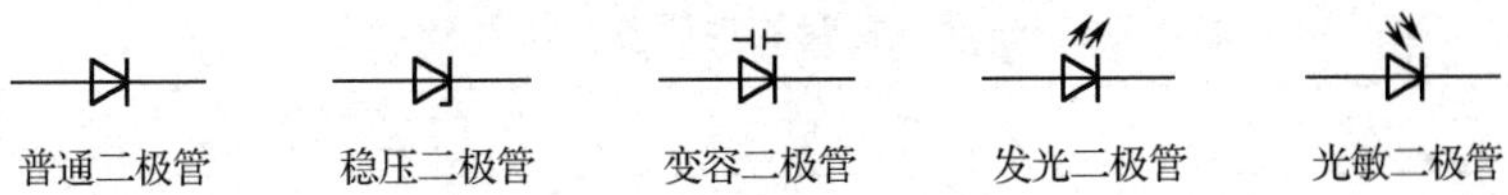

图 1-11　常见二极管的图形符号

（2）二极管具有单向导电、反向击穿、电容效应、光电效应等特性。它在电路中可以起到整流、开关、检波、稳压、箝位和光电转换等作用。二极管按材料不同，可分为锗二极管、硅二极管；按用途不同，可分为整流二极管、开关二极管、检波二极管、稳压二极管、发光二极管、光敏二极管、变容二极管、硅堆（很多二极管接在一起）等。

（3）判断二极管的极性时，可以用目测法，也可以用万用表测量。

① 目测法：普通二极管上标有一圈白色的引脚是普通二极管的阴极（负极）；稳压二极管上标有一圈白色的引脚是稳压二极管的正极；发光二极管的长引脚是发光二极管的阳极（正极），如图 1-12 所示。

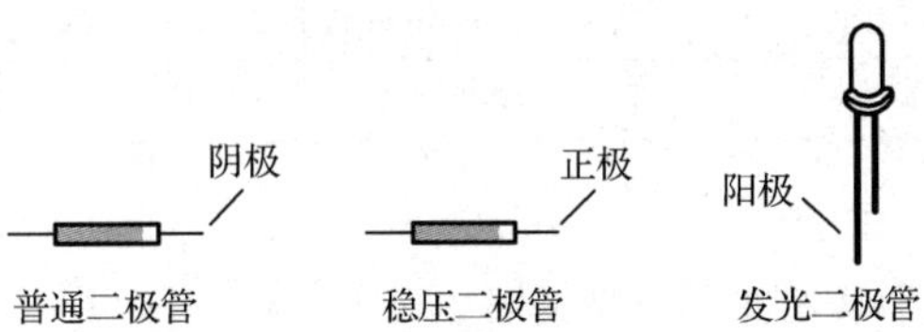

图 1-12　二极管极性判别

② 用指针万用表测量二极管。通常小功率锗二极管的正向电阻为 300～500 Ω，硅二极管的正向电阻约为 1 kΩ 或更大。锗二极管的反向电阻为几十千欧，硅二极管的反向电阻应在 500 kΩ 以上（大功率硅二极管的数值要小得多）。正、反向电阻差值越大越好。

根据二极管的正、反向电阻不同就可以判断二极管的极性。将指针万用表置于“R×100”或“R×1 k”挡（一般不用“R×1”或“R×10 k”挡，因为使用“R×1”挡时电流太大，容易烧坏二极管，而“R×10 k”挡电压太高，使用时可能击穿二极管），将红、黑表笔分别与二极管的两极相连并对调一次，测得两个电阻值，测得电阻值较小的一次，与黑表笔相连的一端是二极管的正极。若测得的反向电阻很小，则说明二极管内部短路；若测得的正向电阻很大，则说明二极管内部开路。

测量发光二极管时，将万用表置于“R×1 k”或“R×10 k”挡，其正向电阻应小于50 kΩ，反向电阻应大于200 kΩ。

③ 用数字万用表测量二极管。将数字万用表置于“二极管”挡，将红、黑表笔分别与二极管的两极相连并对调一次，测得两个电压降，若测得的正向电压降为 0.5～0.8V，则与红表笔相连的一端是二极管的正极，与黑表笔相连的一端是二极管的负极；若测得的反向电压降很大，如为“1”或“1.824”，则与红表笔相连的一端是二极管的负极，与黑表笔相连的一端是二极管的正极；若测得的反向电压降很小，则说明二极管内部短路；若测得的正向电压降很大，则说明二极管内部开路。

测量发光二极管时，将数字万用表置于“二极管”挡，其正向电压降可达 1 V，反向电压降为无穷大“1”。

（4）普通二极管的主要参数符号及其意义如表 1-27 所示。

表 1-27　普通二极管的主要参数符号及其意义

参数符号	名　称	意　义
V_F	正向电压降	二极管通过额定正向电流时的电压降
I_F	额定正向电流（平均值）	允许连续通过二极管的最大平均工作电流
I_R	反向饱和电流	在二极管反向偏置时，流过二极管的电流
U_{RM}	最高反向工作电压	二极管反向工作的最高电压，其值一般等于击穿电压的 2/3

稳压二极管的主要参数符号及其意义如表 1-28 所示。

表 1-28　稳压二极管的主要参数符号及其意义

参数符号	名　称	意　义
V_Z	稳定电压	当稳压二极管流过规定电流时，其两端产生的电压降
I_{FMAX}	最大工作电流	稳压二极管允许流过的最大工作电流
I_{FMIN}	最小工作电流	为了确保电压稳定，稳压二极管必须流过的最小工作电流

3. 三极管

（1）常见三极管的外形及图形符号如图 1-13 所示。

（a）外形

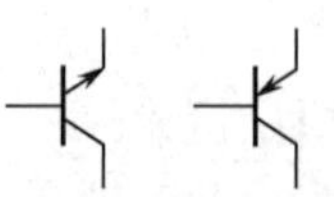

（b）图形符号

图 1-13　常见三极管的外形及图形符号

（2）三极管在电路中对信号起放大、开关、倒相等作用。其按导电类型不同，可分为NPN型三极管和PNP型三极管；按频率不同，可分为高频三极管和低频三极管；按功率不同，可分为小功率、中功率和大功率三极管；按电性能不同，可分为开关三极管、高反压三极管、低噪声三极管等。

（3）三极管引脚的判别通常有以下两种方法。

目测法：目测三极管确定其引脚，不同封装形式三极管的引脚如图1-13所示。

表测法：用万用表测量确定其引脚。依据：NPN型三极管基极到发射极和集电极均为PN结正向偏置，而PNP型三极管基极到发射极和集电极均为PN结反向偏置。

具体判别方法如下。

① 判别三极管的基极。对于功率为1 W以下的中小功率三极管，可用万用表的“R×1 k”或“R×100”挡测量，对于功率为1 W以上的大功率三极管，可用万用表的“R×1”或“R×10”挡测量。

用黑表笔连接某一引脚，红表笔分别接触另两个引脚，若表头的读数都很小，则与黑表笔连接的引脚是基极，同时可知此三极管为NPN型。若用红表笔连接某一引脚，而黑表笔分别接触另两个引脚，表头的读数同样都很小，则与红表笔连接的引脚是基极，同时可知此三极管为PNP型。上述方法既判定了三极管的基极，又判定了三极管的类型。

② 判别三极管发射极和集电极。以NPN型三极管为例，确定基极后，假定其余两个引脚中的一个是集电极，将黑表笔连接到此引脚上，红表笔连接到假定的发射极上。用手指把假定的集电极和已测出的基极连起来（不要使两个极相碰），查看万用表指示值，并记录此时的读数，然后作相反假设，即把原来假定为集电极的引脚设为发射极，进行同样的测试并记录此时的读数。比较两次读数的大小，若前者小，则说明前者的假设是对的，连接黑表笔的引脚是集电极，另一个引脚是发射极。注意：测量时，用手将基极和另一个引脚连在一起时用的劲应该差不多大。

若需判别的是PNP型三极管，则仍用上述方法，只不过要把表笔极性对调一下。

（4）用数字万用表判别三极管的好坏时，可以用万用表的“h_{EE}”挡直接测量三极管的β值，一般三极管（小功率管）的β值最小为5～60，最大可超过200。但要注意的是，在测量放大倍数前，要先校表，校表的方法：将万用表置于“ADJ”挡，短接两表笔，调节面板的电位，让指针指到“400”，万用表就校准了。

（5）三极管的主要参数符号及意义如表1-29所示。

表1-29 三极管的主要参数符号及意义

参数符号	名　称	意　义
I_{CBO}	集-基反向饱和电流	发射极开路时，集电极与基极间的反向电流
I_{CEO}	穿透电流	基极开路时，集电极与发射极间的电流，一般$I_{CEO}=(1+\beta)I_{CBO}$
V_{CES}	集-射饱和压降	在共发射极电路中，当三极管处于饱和状态时，集电极和发射极之间的电压降
β	共发射极电流放大系数	共发射极电流放大系数
f_T	特征频率	当三极管共发射极使用时，随着频率的增大，电流放大系数β下降为1时所对应的频率，它表征三极管具备电流放大能力的极限频率
V_{CBO}	集-基击穿电压	发射极开路时，集电极和基极之间的击穿电压

续表

参数符号	名　称	意　义
V_{CEO}	集-射击穿电压	基极开路时，集电极和发射极之间的击穿电压
I_{CM}	集电极最大允许电流	β 值下降到最大值的 1/2 或 2/3 时的集电极电流
P_{CM}	集电极最大耗散功率	集电极允许耗散功率的最大值

4. 场效应晶体管

（1）常见场效应晶体管的外形及图形符号如图 1-14 所示。

（a）外形

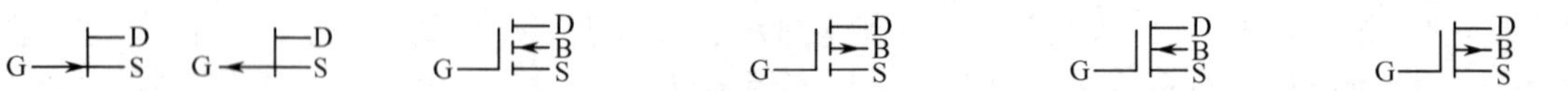

N沟道JFET　P沟道JFET　N沟道增强型MOSFET　P沟道增强型MOSFET　N沟道耗尽型MOSFET　P沟道耗尽型MOSFET

（b）图形符号

图 1-14　常见场效应晶体管的外形及图形符号

（2）场效应是指半导体材料的导电能力随电场改变而变化的现象。

场效应晶体管（Field-Effect Transistor，FET）是当给晶体管加上一个变化的输入信号时，信号电压的改变使加在器件上的电场改变，从而改变器件的导电能力，使器件的输出电流随电场改变而变化的器件。与三极管不同的是，它是电压控制型器件，而三极管是电流控制型器件。

场效应晶体管具有：①输入阻抗高，在电路中便于直接耦合；②结构简单、便于设计、容易实现大规模集成；③温度性能好、噪声系数低；④开关速度快、截止频率高；⑤*I*、*V* 成平方律关系，是良好的线性器件等特点。其应用十分广泛。

（3）场效应晶体管的分类。

① 结型场效应晶体管（Junction Field-Effect Transistor，JFET）：分为 N 沟道结型场效应晶体管、P 沟道结型场效应晶体管。

② 金属-氧化物-半导体场效应晶体管（Metal-Oxide-Semiconductor Field Effect Transistor，MOSFET）：分为 N 沟道增强型 MOSFET、P 沟道增强型 MOSFET、N 沟道耗尽型 MOSFET、P 沟道耗尽型 MOSFET。

（4）场效应晶体管的常用参数符号及意义。

场效应晶体管的常用参数符号及意义如表 1-30 所示。

表 1-30 场效应晶体管的常用参数符号及意义

符 号	名 称	意 义
V_P	夹断电压	在规定的漏-源电压下，使漏-源电流 I_{DS} 下降到规定值（使沟道夹断）时的栅-源电压 V_{GS}，此定义适用于结型场效应晶体管和耗尽型 MOSFET
V_T	开启电压（阈值电压）	在规定的漏-源电压下，使漏-源电流 I_{DS} 达到规定值（形成反型层）时的栅-源电压 V_{GS}，此定义适用于增强型 MOSFET
I_{DSS}	饱和漏极电流	当栅-源短路（V_{GS}=0）、漏-源电压 V_{DS} 足够大时，漏-源电流几乎不随漏-源电压变化，所对应的漏-源电流为饱和漏极电流，此定义适用于耗尽型 MOSFET
g_m	跨导	当漏-源电压一定时，栅-源电压变化量与由此引起的漏-源电流变化量之比，它表征栅-源电压对漏-源电流的控制能力，$g_m=(\Delta I_D/\Delta V_{GS})V_{DS}$=常数

（5）场效应晶体管好坏的判别。

① 对于耗尽型场效应晶体管（结型场效应晶体管和耗尽型 MOSFET），漏极（D）与源极（S）是通过沟道（N 沟道或 P 沟道）相连的（不是短路），因此可以用万用表的电阻挡测量漏-源（D-S）间的电阻值，若电阻值为零或无穷大，则场效应晶体管是坏的。

② 结型场效应晶体管的栅极（G）与源极、漏极之间其实是一个 PN 结，所以只要用万用表测量它的正、反向电阻就能很容易判断出它的好坏，但要注意沟道类型，若是 N 沟道结型场效应晶体管，则栅极是 P 区，若是 P 沟道结型场效应晶体管，则栅极是 N 区。

③ 对于绝缘栅场效应晶体管，因为栅极与源极、漏极都是绝缘的，所以只要用万用表测试一下是否开路，就能判断出绝缘栅场效应晶体管的好坏。

④ 对于绝缘栅增强型场效应晶体管，因为栅极与源极、漏极之间都是绝缘的，源极与漏极之间相当于两个相向的 PN 结串接，所以三个极之间都是不通的。

⑤ 测量场效应晶体管好坏最好的方法是用晶体管图示仪测量它的输出特性曲线。测量的方法大致与测量三极管的方法相同，将场效应晶体管的源极、栅极、漏极分别插入 E、B、C 三个孔，将晶体管图示仪上的基极电流改为基极电压。对于 N 沟道场效应晶体管（相当于 NPN 型三极管），源极和漏极间加正电压，栅极加负电压；对于 P 沟道场效应晶体管（相当于 PNP 型三极管），源极和漏极间加负电压，栅极加正电压。

（6）注意事项。

① 使用器件时，工作参数不能超过其极限参数，以免器件被过高的电压或电流损坏。

② 结型场效应晶体管的源极、漏极可以互换使用。

③ MOSFET 的输入阻抗很高，容易造成因感应电荷泄漏不掉而使栅极击穿，造成永久损坏。因此，存放时应使各电极引线短接，同时测量仪器、电烙铁、线路本身都需要良好接地。焊接时按源极、漏极、栅极的次序焊接；拆下时次序相反。不过目前新型的 MOSFET 在器件内部的绝缘栅和源极之间接了一只齐纳二极管作为保护装置，这样不需要外部短接引线就能保护器件了。

④ 要求输入阻抗高的场合，应采取防潮措施，否则器件的输入阻抗会因潮湿而下降。

⑤ 在未关电源时不可以插拔器件。

⑥ 相同沟道的结型场效应晶体管和耗尽型 MOSFET 在相同的电路中，一般可以通用。

⑦ 结型场效应晶体管的栅-源电压 V_{GS} 不允许为正值，否则会损坏结型场效应晶体管。

5. 光电耦合器

（1）常见光电耦合器的外形及图形符号如图 1-15 所示。

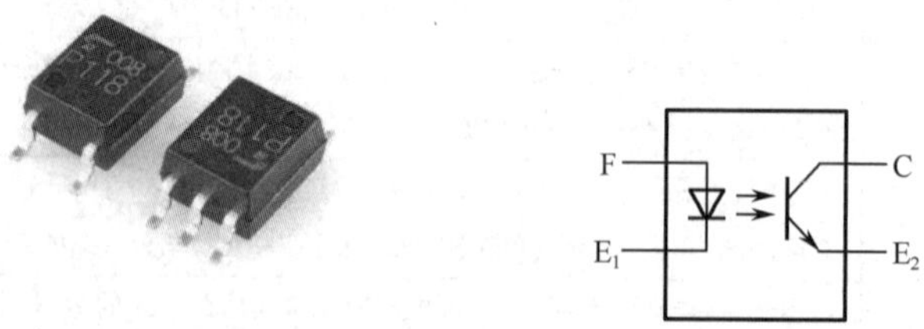

（a）外形　　（b）图形符号

图 1-15　常见光电耦合器的外形及图形符号

（2）光电耦合器是一种利用电-光-电耦合原理传输信号的半导体器件，其输入、输出电路在电气上是相互隔离的。

光电耦合器的输入端（F-E_1）是一个发光二极管，正常工作时，两端的电压降大约为 1.3 V，最大工作电流小于 50 mA；光电耦合器的输出端（C-E_2）是一个光敏管（光敏二极管或光敏三极管）。当输入端（F-E_1）有电信号输入时，发光二极管发光，光敏管受光照后，光敏管通道产生电流，输出端（C-E_2）就有电信号输出，实现了以光为媒介的电信号传输。这种电路使输入端与输出端不存在导电的直接联系，实现了输入端与输出端的隔离，具有很好的抗干扰性能，得到了广泛的应用。

6. 集成电路

（1）集成电路的封装形式有单列直插式塑料封装、圆形金属封装、双列直插式塑料封装、扁平陶瓷封装等，如图 1-16 所示。其中，模拟集成电路采用圆形金属封装形式的较多；数字集成电路采用双列直插式塑料封装形式的较多；扁平陶瓷封装一般用于功率器件。

（a）单列直插式塑料封装　　（b）圆形金属封装　　（c）双列直插式塑料封装　　（d）扁平陶瓷封装

图 1-16　集成电路的常见封装形式

常见集成电路的引脚识别方法如图 1-17 所示。

（2）集成电路是将组成电路的有源元器件（三极管、二极管）、无源元器件（电阻、电容等）及其互连的导线，通过半导体工艺或薄膜、厚膜工艺，制作在半导体或绝缘基片上形成的结构上紧密联系的具有一定功能的电路或系统。与分立元件相比，它具有体积小、功耗低、性能好、可靠性高、成本低等优点，应用十分广泛。

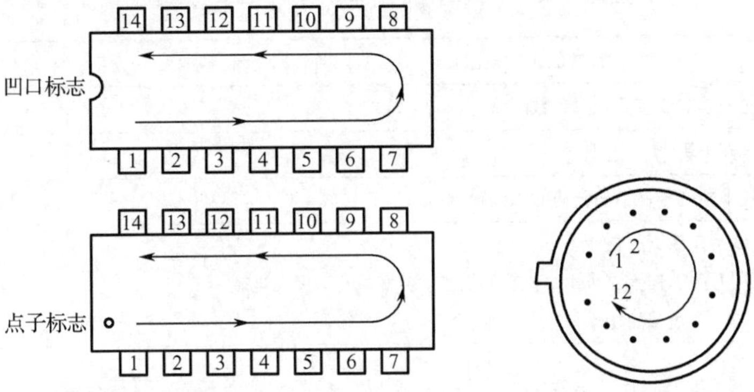

（a）双列直插式塑料封装及扁平陶瓷封装的引脚识别　（b）圆形金属封装的引脚识别

图 1-17　常见集成电路的引脚识别方法

（3）集成电路分类：按结构形式和制造工艺的不同，集成电路可分为半导体集成电路、薄膜集成电路、厚膜集成电路和混合集成电路。其中，半导体集成电路的发展最快，品种最多，应用最广泛。集成电路的分类如表 1-31 所示。

表 1-31　集成电路的分类

按功能分类	数字集成电路	门电路	与门、或门、非门、与非门、或非门、与或门、与或非门
		触发器	RS 触发器、JK 触发器、D 触发器、锁定触发器等
		存储器	随机存储器（RAM）、只读存储器（ROM）、移位寄存器等
		功能器件	译码器、数据选择器、驱动器、数据开关、模/数（数/模）转换器及各种接口电路等
		微处理器	中央处理器（CPU）
	模拟集成电路	线性电路	各种运算放大器、音频放大器、高频放大器、宽频带放大器
		非线性电路	电压比较器、直流稳压电源、模拟乘法器等
按集成度分类	小规模（SSI）	1～10 个等效门/片，10～10^2 个元件/片	
	中规模（MSI）	10～10^2 个等效门/片，10^2～10^3 个元件/片	
	大规模（LSI）	10^2 个以上等效门/片，10^3 个以上、10 万个以下元件/片	
	超大规模（VSLI）	10 万个以上元件/片	

7. 半导体器件测试训练

（1）根据图 1-18 所示的二极管实物，完成二极管参数的识读及测量，并将结果填入表 1-32。

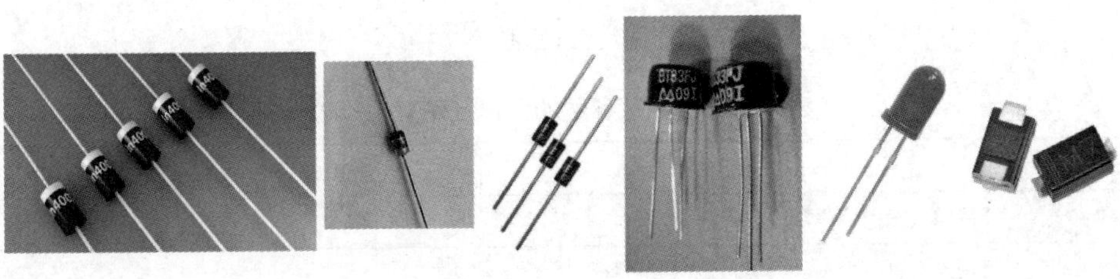

图 1-18　二极管实物

表 1-32　二极管参数的识读及测量记录表

任务名称	二极管参数的识读及测量			任务编号	DZ1-7	
任务要求	正确识读二极管并完成参数测量					
测试仪表	万用表 1 块					
元器件	各种不同型号、不同结构的二极管					
识读及测量步骤	① 读出二极管的型号。 ② 用万用表初步测量出二极管的极性，并测量正、反向电阻。 ③ 读出二极管的功率					
识读及测量结果	二极管编号	型号	类型	功率	正、反向电阻	
					正向	反向
结论	① 二极管的外形不同，材料不同，其正、反向电阻也不同。 ② 二极管的种类很多，要注意区分。 ③ 要注意区分二极管的正、负极。 ④ 在测量二极管时，要正确选用万用表。 ⑤ 不同的二极管有不同的用途					

（2）根据图 1-19 所示的三极管实物，完成三极管参数的识读及测量，并将结果填入表 1-33。

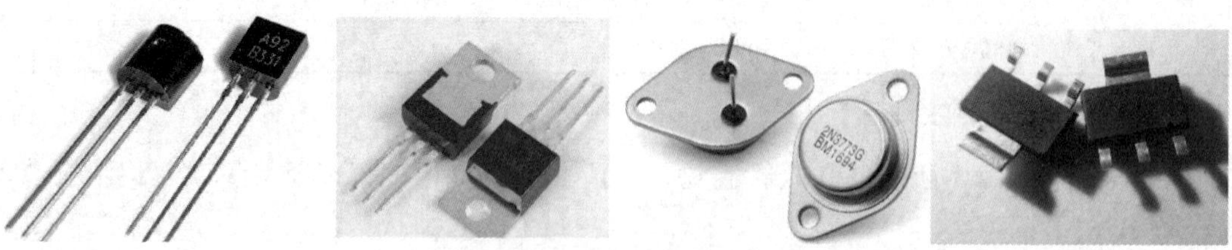

图 1-19　三极管实物

表 1-33　三极管参数的识读及测量记录表

任务名称	三极管参数的识读及测量	任务编号	DZ1-8
任务要求	正确识读三极管参数并完成测量		
测试仪表	万用表 1 块		
元器件	各种不同型号、不同结构的三极管		

续表

识读及测量步骤	① 读出三极管的型号，简单区分三极管的工作频率。 ② 用万用表测出三极管的各极，并判断三极管的好坏。 ③ 测量三极管的放大倍数					
识读及测量结果	三极管型号	工作频率	功率	放大倍数	类型	
					PNP 型	NPN 型
结论	① 三极管的外形不同，材料不同，其功率也不同。 ② 三极管的种类很多，要注意区分。 ③ 在测量三极管时，要正确选用万用表。 ④ 要注意区分三极管的各极。 ⑤ 不同的三极管有不同的用途					

（3）根据图 1-20 所示的场效应晶体管实物，完成场效应晶体管参数的识读及测量，并将结果填入表 1-34。

图 1-20　场效应晶体管实物

表 1-34　场效应晶体管参数的识读及测量记录表

任务名称	场效应晶体管参数的识读及测量	任务编号	DZ1-9
任务要求	正确识读场效应晶体管参数并完成测量		
测试仪表	万用表 1 块		
元器件	各种不同型号、不同结构的场效应晶体管		
识读及测量步骤	① 读出场效应晶体管的型号。 ② 用万用表判断场效应晶体管的好坏		

续表

识读及测量结果	场效应管型号	DS阻抗	GD阻抗	GS阻抗	类型		
					结型	增强型	耗尽型
结论	① 场效应晶体管的外形不同，材料不同，其阻抗也不同。 ② 场效应晶体管的种类很多，要注意区分。 ③ 不同的场效应晶体管有不同的用途						

（4）根据图 1-21 所示的光电耦合器实物，完成光电耦合器参数的识读及测量，并将结果填入表 1-35。

图 1-21　光电耦合器实物

表 1-35　光电耦合器参数的识读及测量记录表

任务名称	光电耦合器参数的识读及测量	任务编号	DZ1-10
任务要求	正确识读光电耦合器参数并完成测量		
测试仪表	万用表 1 块		
元器件	各种不同型号、不同结构的光电耦合器		
识读及测量步骤	① 读出光电耦合器的型号。 ② 用万用表判断光电耦合器的好坏		
识读及测量结果	光电耦合器型号	FE_1 阻抗	CE_2 阻抗

续表

结论	① 光电耦合器的外形不同，材料不同，其阻抗也不同。 ② 光电耦合器的种类很多，要注意区分。 ③ 不同的光电耦合器有不同的用途

（5）根据图 1-22 所示的集成电路实物，完成集成电路的识读，并将结果填入表 1-36。

图 1-22　集成电路实物

表 1-36　集成电路的识读记录表

任务名称	集成电路的识读		任务编号	DZ1-11	
任务要求	正确识读集成电路				
测试仪表	无				
元器件	各种不同型号、不同结构的集成电路				
识读内容	① 读出集成电路的型号。 ② 确定集成电路的类型				
识读结果	集成电路型号	半导体集成电路	薄膜集成电路	厚膜集成电路	混合集成电路
结论	① 集成电路的外形可分为单列、双列、方形和圆形等。 ② 集成电路的种类很多，不能随意使用，要查阅使用手册或相关资料，做到正确使用。 ③ 不同的集成电路能完成不同的功能				

操作成绩评定

利用给定的半导体器件对学生进行半导体器件特性检测技能考核，并对考核过程中学生的操作能力进行评价，将结果填入表 1-37。

表 1-37 半导体器件特性检测操作能力评价表

序号	评价维度	评价情况		
		自我评价	小组评价	教师评价
1	二极管的识别与检测			
2	三极管的识别与检测			
3	场效应晶体管的识别与检测			
4	光电耦合器的识别与检测			
5	集成电路的识别与检测			

总结反思

（1）采购二极管时，应如何选择？

（2）如何用数字万用表判断二极管的好坏？

（3）若二极管的材料不同，则其导通电压有什么不同？

（4）采购三极管时，应如何选择？

（5）三极管是电流控制型器件，场效应晶体管是什么控制型器件？

（6）光电耦合器有什么作用？

（7）计算机、彩色电视机中常用的集成电路是什么规模的集成电路？

扫一扫看 SS14 型二极管微课视频

扫一扫看 J3 9013 型三极管微课视频

扫一扫看 IRFZ44N 型场效应晶体管微课视频

扫一扫看 CD4511 型集成电路测试微课视频

扫一扫看 74283 型集成电路测试微课视频

扫一扫看 SN74F157 型集成电路测试微课视频

扫一扫看 74151 型集成电路测试微课视频

扫一扫看贴片发光二极管微课视频

扫一扫看直插式黄 LED 微课视频

扫一扫看电路中的 LED 微课视频

扫一扫看 1N4148 型二极管微课视频

扫一扫看 M7 型二极管微课视频

扫一扫看 3904 型三极管微课视频

扫一扫看 305 型大功率三极管微课视频

扫一扫看 74LS76 型集成电路测试微课视频

项目2

印制电路板的焊接

技能训练 2.1　焊接工具的使用

扫一扫看焊接工具的使用教学课件

训练目标

（1）了解焊接工具的结构与外形等。
（2）掌握焊接工具的分类、使用参数。

训练内容

（1）焊接工具的选择与使用。
（2）焊接工具的维护与保管。

训练工具、仪表、器材

（1）焊接工具：电烙铁、热风枪。
（2）助焊工具：起、刀、叉、锥、钩、刷。
（3）拆焊工具：吸锡器、空心针。
（4）焊料与助焊剂。

训练指导

1. 焊接工具

电烙铁的种类很多，按加热方式不同，可分为直热式、调温式等；按电烙铁发热能力不同，可分为 20 W、30 W、45 W 等。

（1）直热式电烙铁。

最常用的电烙铁是直热式电烙铁，它可分为外热式和内热式两种，其结构分别如图 2-1（a）、图 2-1（b）所示。

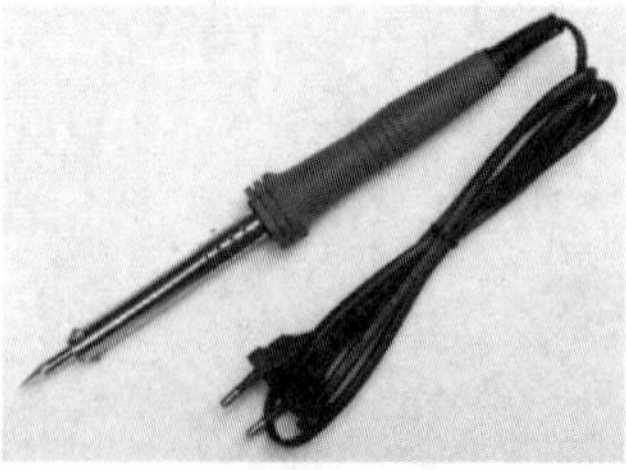

（a）外热式

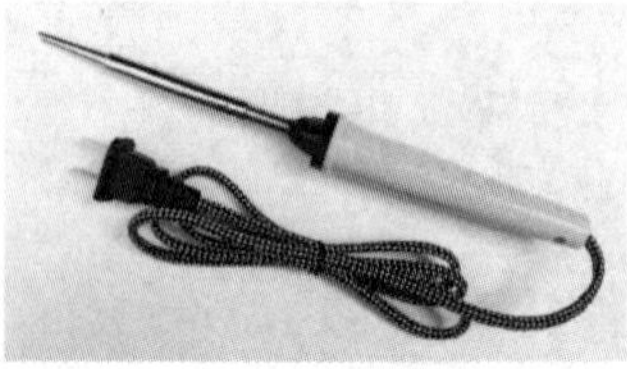

（b）内热式

图 2-1　直热式电烙铁

直热式电烙铁主要包含两个部分：发热元件和烙铁头。发热元件俗称烙铁芯子，它是将镍铬电阻丝缠在云母、陶瓷等耐热、绝缘材料上构成的。烙铁头用来存储和传递热量，一般用紫铜制成。使用时，烙铁头因高温氧化和助焊剂腐蚀会变得凹凸不平，需要经常清理和修整。

（2）恒温电烙铁。

恒温电烙铁主要是由烙铁头、加热器、控温元件、永久磁铁和加热器控制开关组成的，如图 2-2 所示。其工作原理：恒温电烙铁内装有带磁铁的温度控制器，通过控制通电时间来实现恒温。

适用焊接元件：焊接时怕高温的元件，如集成电路、三极管、导线或某些软线。若温度太高或焊接时间过长，则会造成元器件的损坏，因而需对电烙铁的温度加以限制。

（3）防静电调温烙铁。

防静电调温烙铁主要由烙铁头、加热器、调温旋钮、电源开关组成，如图 2-3 所示。

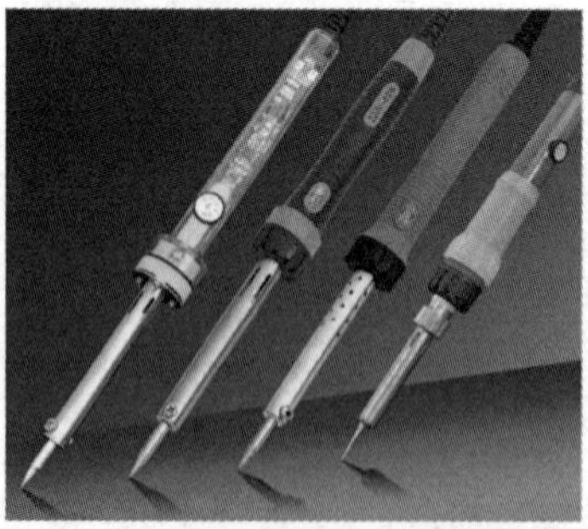

图 2-2　恒温电烙铁

图 2-3　防静电调温烙铁

适用焊接元件：组件小、分布密集的贴片元件和易被静电击穿的 COMS 元件。

注意事项：

① 使用防静电调温烙铁时要确认其已经接地，这样可以防止工具上的静电损坏精密器件。

② 应调整到合适的温度，不宜过低，也不宜过高。

③ 需及时清理烙铁头，防止因氧化物和碳化物损害烙铁头导致焊接不良，定时给烙铁头上锡。

④ 电烙铁不用时应将温度旋至最低或关闭电源，防止因长时间的空烧损坏烙铁头。

（4）热风枪。

热风枪如图 2-4 所示。其特点是防静电，温度调节适中，不易损坏元器件。

热风枪主要用于焊接和拆卸集成电路（QFP 和 BGA 封装等）和片状元件。

注意事项：

① 温度旋钮、风量旋钮应选择适当，根据不同集成电路的特点，选择不同的温度，以免温度过高损坏集成电路或风量过大吹丢小的元器件。

② 吹焊的距离要适中。距离太远，元器件无法卸下；距离太近，会损坏元器件。

③ 枪头不能集中一点吹，以免吹鼓、吹裂元器件，应顺时针或逆时针均匀转动手柄。

④ 不能用热风枪吹显示屏、接插口的塑料件、灌胶集成电路和印制电路板线。

⑤ 吹焊组件时，要熟练准确，以免多次吹焊而损坏组件。

⑥ 吹焊完成后，要及时关闭热风枪，以免因持续高温而降低手柄的使用寿命。

2. 助焊工具

助焊工具共有六件，包括起、刀、叉、锥、钩、刷，如图 2-5 所示。在电子产品的维修中，可利用助焊工具对工件进行多种操作，如切断印制导线、钩出元件、调节中轴、刷除污垢等。

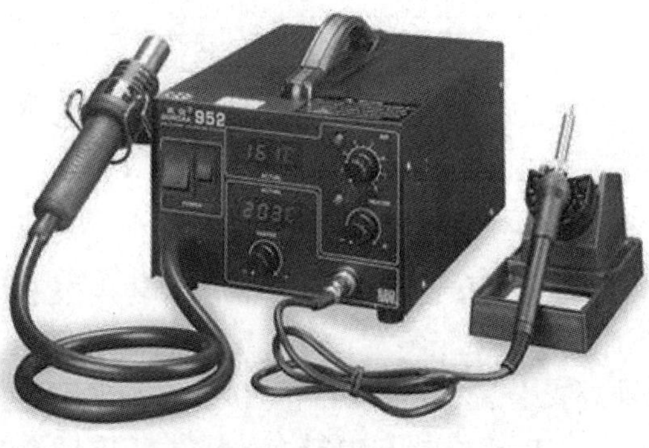

图 2-4　热风枪

图 2-5　助焊工具

3. 焊料与助焊剂

好的焊料与助焊剂是焊接质量的保障。焊料是连接两个被焊物的媒介，它的好坏关系到焊点的可靠性和牢固性，助焊剂则是清洁焊点的一种专用材料，是保证焊点可靠生成的催化剂。

（1）焊料。

焊料是一种熔点比被焊金属低，在被焊金属不熔化的条件下能润湿被焊金属表面，并在接触界面处形成合金层的物质。

焊料按其组成成分不同，可分为锡铅焊料、银焊料和铜焊料；按使用的环境温度不同，可分为高温焊料（在高温环境下使用的焊料）和低温焊料（在低温环境下使用的焊料）；按熔点不同，可分为硬焊料（熔点在 450 ℃以上）和软焊料（熔点在 450 ℃以下）。常用的焊料是金属焊料和锡铅焊料。焊料常见的形状有圆状、带状、球状和丝状。

（2）助焊剂。

助焊剂是用于清除金属表面同空气接触后生成的氧化膜的一种专用材料，具有增强焊料与金属表面的活性、增强浸润的能力；另外能覆盖在焊料表面，有效地抑制焊料和被焊金属继续被氧化。所以在焊接过程中，一定要使用助焊剂，它能保证焊接的顺利进行，也是获得导电性良好、机械强度高、清洁美观的高质量焊点必不可少的辅助材料，可防止虚焊、假焊。

4. 焊料的特性与适用范围

根据焊接产品的不同，需选用不同的焊料，因为好的焊料是保证焊接性能的前提。为了能使焊接质量得到保障，根据被焊物的不同，选用不同的焊料至关重要。在电子产品的装配中，一般都选用锡铅焊料，即焊锡。

焊锡主要是由两种或两种以上金属按照不同的比例制成的，因此它的性能会随着锡、铅的比例不同而不同。市场上出售的焊锡由于生产厂家不同，其配制比例有很大差别，表 2-1 所示为几种焊锡的参数和适用范围。

表 2-1 几种焊锡的参数和适用范围

名　称	牌　号	含锡量（%）	熔点（℃）	抗拉强度（kg/mm^2）	适用范围
39 焊锡	HISnPb39	59～61	183	4.3	耐热性能较差的元器件、电气制品
50 焊锡	HISnPb50	49～51	210	4.7	散热片、计算机、黄铜制品
58-2 焊锡	HISnPb58-2	39～41	235	3.8	无线电元器件、导线、工业及物理仪器
68-2 焊锡	HISnPb68-2	29～31	256	3.3	电缆护套、铅管等

5. 焊料的选用

由于焊料的型号较多，所以在选用焊料时，一定要根据被焊元器件的要求来选用，通常选用的规则如下。

① 与被焊接金属具有很强的亲和力。被焊接金属在适当的温度和助焊剂作用下，与焊料能形成良好的合金。一般地，铜、镍和银等在焊接时能与焊料中的锡生成锡铜合金、锡镍合金与锡银合金，金在焊接时能与焊料中的铅生成铅金合金，也有的金属能与焊料中的锡、铅两种金属同时生成合金，所以焊料要根据被焊接金属来选用。

② 与被焊接金属的熔点相匹配。不同的金属具有不同的熔点，选用焊料的熔点要比被焊接金属的熔点低。焊料的熔点要与焊接温度相适应。若焊接温度超过被焊接金属、印制电路板焊盘或焊点等所能承受的温度，则会损坏被焊接金属；若焊接温度低于被焊金属的熔点，则焊料与被焊接金属不能形成良好的合金。在选择焊料时，被焊接金属的熔点是很重要的依据。

③ 与焊点的机械性能有关。焊点的机械性能，如抗拉强度、冲击韧性、抗剪强度等，都决定了设备的可靠性。而焊点的机械性能与焊料中锡和铅的含量有一定的关系，一般的电子元器件本身质量较轻，对焊点强度要求不是很高，但某些要求机械强度大的电子元器件，则应选用含锡量较高（如 61%）的共晶锡焊料形成焊点，其机械性能比较高。

④ 与焊点的导电性能有关。一般焊点对导电性能要求不高。由于焊料的导电率远低于

金、银、铜、铁等金属，因此应注意若有大电流流经焊点，由于焊点的电阻值增大会使电路电压下降及焊点发热，故应选用含锡量较高的焊料，其导电性能较好，影响相对较小。

助焊剂可分为无机系列、有机系列和树脂系列。

① 无机系列助焊剂：这种类型助焊剂的主要成分是氯化锌或氯化铵及其他的混合物。这种助焊剂最大的优点是助焊作用强，但具有强烈的腐蚀性，焊接后要清洗，否则会造成被焊物的损坏。这种助焊剂用有机油乳化后，形成一种膏状物质，俗称焊油，市场上出售的各种焊油多数属于这一类。

适用焊材：金属制品、贴片元器件。

② 有机系列助焊剂：有机系列助焊剂主要是由有机酸卤化物组成的。这种助焊剂的特点是助焊性能好，可焊性高；不足之处是有一定的腐蚀性且热稳定性差，即一经加热便迅速分解，然后留下无活性残留物。

适用焊材：铅、黄铜、青铜及带镍层的金属制品、开关、接插件等塑料件。

③ 树脂系列助焊剂：这种助焊剂中最常用的是松香助焊剂或在松香助焊剂中加入活性剂，如松香酒精助焊剂，它是用无水乙醇加 25%～30%的纯松香配制成的乙醇溶液，这种助焊剂的优点是无腐蚀性、绝缘性能高，能保持长期的稳定性和耐湿性。焊接后容易清洗，并形成膜层覆盖焊点，使焊点不被氧化腐蚀。

当然也可选用纯松香助焊剂，但纯松香助焊剂的活性较弱，只有当被焊的金属表面较清洁、无氧化层时，才可选用。

适用焊材：铂、铜、金、银等金属焊点、电子元器件。

6. 焊接工具使用训练

根据表 2-2 进行焊接工具的使用训练，在表格中填入操作程序及注意事项。

表 2-2　焊接工具使用

任务名称	焊接工具使用	任务编号	DZ2-1	
任务要求	正确操作下列工具，并将操作程序和注意事项填在对应位置			
实　物　图	名　　称	作　　用	操 作 程 序	注 意 事 项
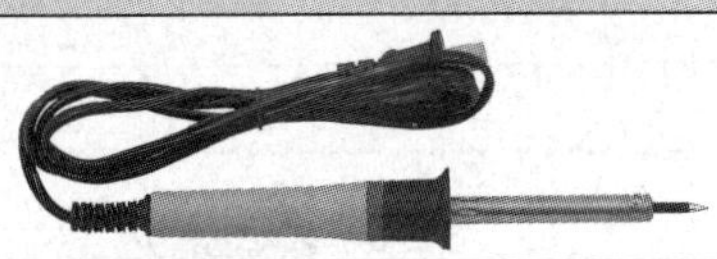				
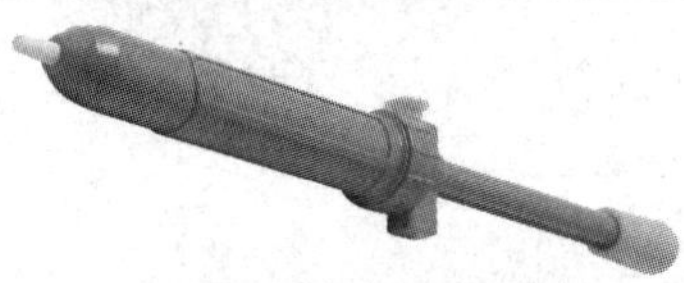				
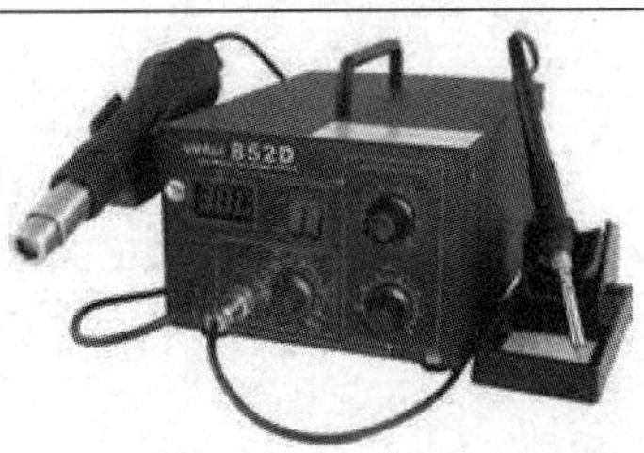				

续表

实物图	名称	作用	操作程序	注意事项

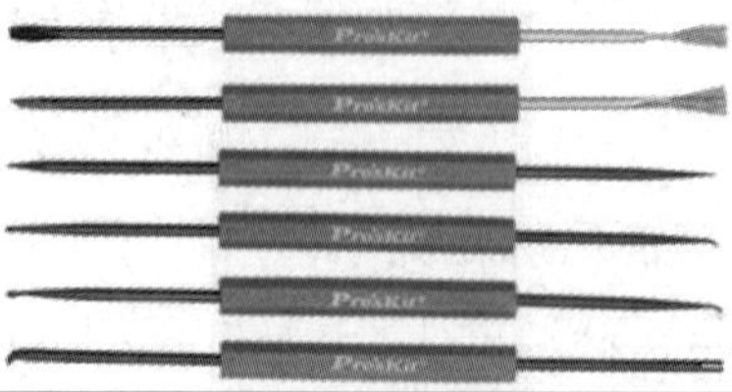				
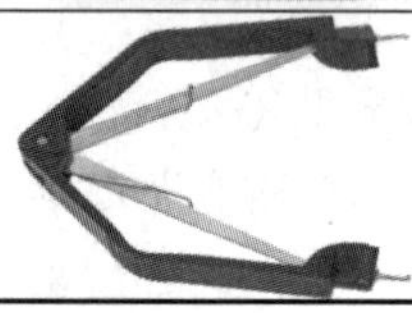				

操作成绩评定

利用给定的焊接工具对学生进行焊接工具使用技能考核，并对考核过程中学生的操作能力进行评价，将结果填入表 2-3。

表 2-3　焊接工具使用的操作能力评价表

序号	评价维度	评价情况		
		自我评价	小组评价	教师评价
1	电烙铁的使用			
2	吸锡器的使用			
3	热风枪的使用			
4	剥线钳的使用			
5	助焊工具的使用			
6	芯片起拔器的使用			

总结反思

扫一扫看焊接工具的使用微课视频

（1）电烙铁有什么作用？

（2）焊料的含锡量越高是否代表能承受的拉力越大？

（3）防静电焊接可以采取哪些措施？

技能训练 2.2　元器件的筛选

扫一扫看元器件的筛选教学课件

训练目标

掌握元器件的筛选方法。

训练内容

元器件的筛选与结果记录。

训练工具、仪表、器材

器材：电子元器件。

训练指导

1. 元器件筛选内容

如果只有先进的设计，而缺乏高品质的元器件、先进的生产方式和工艺、具有一流技术水平的生产工人和工程技术人员等，那么将使电子产品的质量下降。因此，在电子产品的焊接过程中，必须严格按工艺要求操作，不能马虎。

元器件的筛选是焊接中一道极其重要的工序，也是整机装配中一道极其重要的工序。

元器件的筛选主要包括以下几个方面。

（1）要有可靠的筛选操作人员，其应具有较高的操作技能和业务水平。

（2）对元器件和材料供货单位，必须严格把关。

（3）存放元器件的仓库要有良好的通风设备，保证有一定的温度和干燥度，不允许和化学药品一起存放。

（4）必须有专职人员负责保管，定期抽查、测试。

（5）对普通元器件的筛选主要是对元器件的型号、规格和外观进行检查。

（6）关键元器件和材料应在一定温度条件下进行性能参数测试、功率老化测试等。对不符合要求的元器件，要坚决剔除；对质量存疑的元器件，要进行检测，只有在确保质量良好的条件下，才可使用。

2. 元器件筛选方法

1）检查外观质量

检查外观质量是一种简单可行的检验方法，能发现一些元器件的早期缺陷、隐患和采购过程中造成的损坏，因此我们在对元器件进行识别与检测时应按照如下操作进行。

（1）检查元器件的型号、规格、厂商、产地，必须与设计要求相符合，外包装完好。

（2）检查元器件的外观必须完好，表面无凹陷、划伤、裂纹等缺陷，外部有涂层的元器件要求涂层无脱落、无擦伤。

（3）元器件的电极引线要无压折和弯曲，镀层要完好光洁，无氧化、锈蚀。

（4）元器件上的型号、规格标记要清晰、完整，色标位置、颜色要符合标准，应认真检查集成电路上的字符。

（5）机械结构的元器件尺寸要合格、螺纹灵活、转动手感合适。

（6）开关类元器件要操作灵活，手感良好；接插件松紧要适宜，接触良好。各种电子产品中的元器件均有自身特点，检查时要按各元器件的具体要求确定检查内容。

2）电气性能筛选

为了保证电子产品稳定可靠，对上机的元器件进行筛选是一个重要环节。筛选时要根据元器件使用要求，对元器件施加一种或多种应力使其缺陷暴露，排除早期失效。筛选试验施加的应力要在合适范围内，使有缺陷的元器件失效，质量好的元器件通过试验。

（1）元器件效能曲线：元器件效能曲线即浴盆曲线，反映了元器件在使用过程中的失效规律。一般在元器件刚投入使用时，因元器件制造过程中原材料、设备、工艺等缺陷而导致失效率较高。经过一定时间的使用后，元器件的失效率较低，即偶然失效期。过了正常使用期后，元器件进入老化失效期，即损耗失效期，该元器件工作寿命结束在老化失效期，元器件的失效率增高。

（2）元器件的老化筛选：元器件的老化筛选需要人为制造元器件的早期工作条件，使元器件处在模拟的工作状态下，把早期失效的产品在使用前剔除，提高产品的可靠性。

在生产过程中，老化筛选项目包括高温存储老化、高低温循环老化、高低温冲击老化和高温功率老化等。随着元器件生产水平的提高，要根据不同产品要求、国家和企业标准选择不同的老化筛选要求和工艺。对于可靠性要求极高的电子产品或设备中使用的典型元器件，需100%进行筛选；对可靠性要求不高的电子产品或设备中使用的元器件，要采用抽样检测方式；对一般的电子产品或设备中使用的元器件，应采用自然老化和简易电老化方式。

（3）参数性能检测：经过外观质量检查及老化筛选的电子元器件，要进行性能指标的测试，淘汰已失效的元器件。检测前，应对元器件检测中的常见问题及解决方案有一个全面的了解，并有多种通用或专门测试仪器。一般的电子产品或设备中使用的元器件，应使用万用表等普通仪表检测。在使用万用表进行检测时，要注意万用表的使用要求，操作应正确。

① 一般的万用表有模拟指针式和数字式两种。前者可靠耐用、直观，但读数不精确、分辨力低；后者读数精确、直观，输入阻抗高，使用维护的要求也较高。

② 使用两种万用表时应按要求选择功能和插孔：用指针式万用表测量大电流、高电压时选择专门插孔；用数字式万用表测量 200 mA 以上电流时选择专用插孔，一些型号的万用表在使用其电流挡时均选择专用插孔。

③ 选择量程时要注意，指针式万用表的指针在满刻度的 30%～35%和 65%～70%处时，误差较小。若不确定范围，则要从最大量程逐步转换。

④ 在使用万用表时，人体不可接触表笔的金属部分，以确保测量准确和人身安全。

⑤ 测量高电压或大电流时，不可在测量中换挡，需换挡时要断开表笔，选好量程后接上表笔实施测量，不然会损坏万用表。

⑥ 测量二极管、整流器、三极管、铝电解电容等有极性的元器件时，要注意表笔极性。在电阻挡，指针式万用表的红表笔接万用表内部电源的负极，黑表笔接万用表内部电源的正极；数字式万用表的红表笔接万用表内部电源的正极，黑表笔接万用表内部电源的负极。

当万用表不能满足测试要求时，应选择使用手持式电桥测量电阻值、电容量、电感量及品质因数等参数，或选用台式数字多用表测量电压、电流、电阻值、频率等参数。选用手持式电桥和台式数字多用表进行相关参数的测量，不仅测试精度比万用表高，还有万用表不具备的测量功能。

3. 元器件筛选训练

对表 2-4 中的元器件进行筛选，判定元器件的质量是否合格并将结果填入表 2-5。

表 2-4　元器件筛选记录表

任务名称	元器件筛选		任务编号	DZ2-2
任务要求	对元器件进行筛选，正确判断其质量是否合格			
元 器 件				
合格判定				

操作成绩评定

利用给定的元器件对学生进行元器件筛选技能考核，并对考核过程中学生的操作能力进行评价，将结果填入表 2-5。

表 2-5　元器件筛选操作能力评价表

序　号	评 价 维 度	评 价 情 况		
		自 我 评 价	小 组 评 价	教 师 评 价
1	电阻的筛选			
2	二极管的筛选			
3	三极管的筛选			
4	场效应晶体管的筛选			
5	集成电路的筛选			

总结反思

（1）元器件筛选的原则是什么？

（2）为什么要对元器件进行筛选？

技能训练 2.3　元器件引脚成形

扫一扫看元器件的引脚成形教学课件

训练目标

了解元器件引脚成形的目的。

训练内容

元器件引脚成形的方法。

训练工具、仪表、器材

器材：电子元器件。

训练指导

1. 元器件引脚成形的概念

元器件引脚成形工艺有利于元器件的焊接，特别是在自动焊接时不仅可以防止元器件脱落、虚焊，减少焊点修整，还能提高元器件的散热性。

元器件引脚成形是针对小型元器件而言的。大型元器件不可能悬浮跨接，单独立放，必须用支架、卡子等固定在安装位置上。

2. 元器件引脚成形方法

（1）两引脚元器件的引脚成形。

两引脚的元器件主要指电阻、电容、电感、二极管等元件，在引脚成形时可采用立式或者卧式，如图 2-6 所示。其中，图（a）～图（c）为卧式形状，图（d）～图（g）为立式形状。引线弯折处距离根部至少为 2 mm，弯曲半径不小于引线直径的两倍，以减小机械应力，防止引线折断或被拔出。图（a）、图（f）可直接贴到印制电路板上；图（b）、图（d）要求与印制电路板有 2～5 mm 的距离，用于双面印制电路板或发热器件；图（c）、图（e）的引线较长，有绕环，多用于焊接时怕热的元器件，如熔断电阻；图（g）一般为电解电容和瓷片电容，引脚较长，一般修整至引脚与焊盘距离一致。

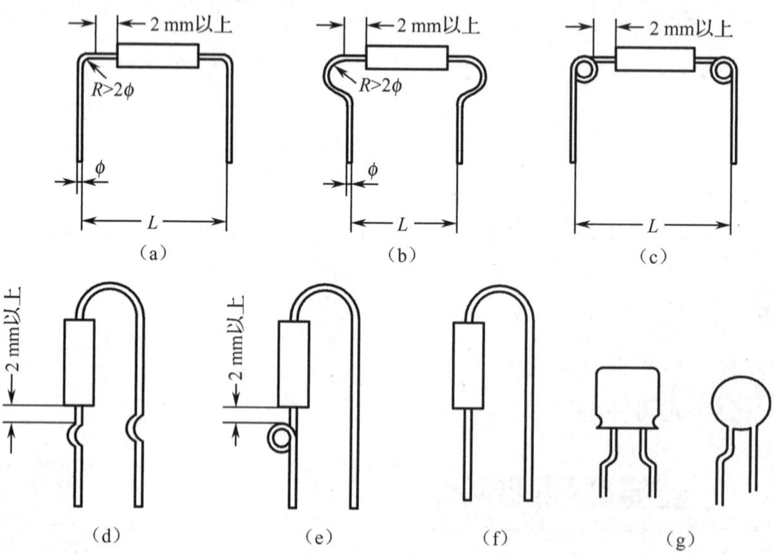

图 2-6　两引脚元器件的引脚成形

两引脚元器件可用跨接、立式、卧式等方法焊接，并要求受震动时元器件不能移动位置。引线弯折成形要根据焊点之间的距离，做成需要的形状。

（2）三引脚、多引脚元器件的引脚成形。

这类元器件的引脚成形要根据焊接的要求来进行。一般来说，这类元器件大多数是三极管、晶闸管或集成电路，其特点为受热易损坏，因此需留有较长的引脚。

三引脚元器件可采用正装、倒装、卧装或横装等方式，其引脚成形如图 2-7 所示。

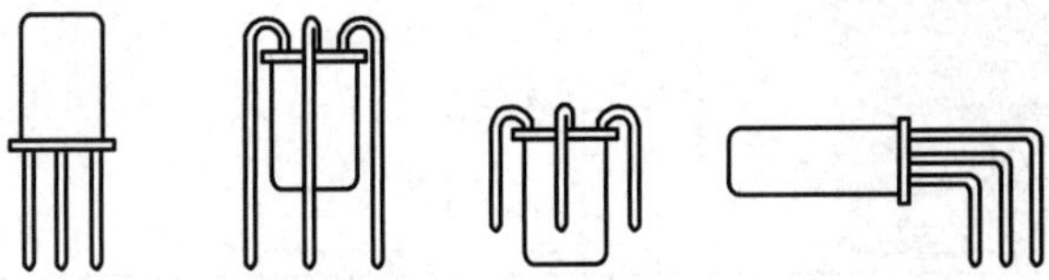

（a）正装　（b）倒装　（c）卧装　（d）横装

图 2-7　三引脚元器件的引脚成形

多引脚元器件的引脚成形如图 2-8 所示。

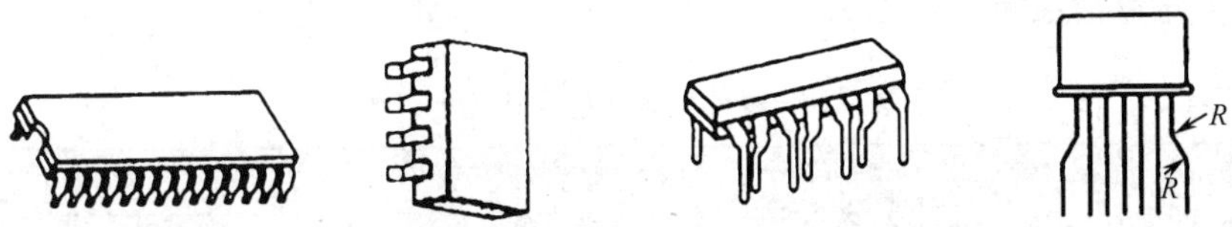

（a）直插式　（b）表面接触式　（c）交错式　（d）管式IC直插式

图 2-8　多引脚元器件的引脚成形

3. 元器件引脚成形训练

对表 2-6 所示的元器件进行引脚成形，记录成形依据、成形步骤、成形结果和注意事项，将其填入表 2-6。

表 2-6　元器件引脚成形记录表

任务名称	元器件引脚成形		任务编号	DZ2-3
任务要求	正确完成元器件的引脚成形并记录相关内容			
元 器 件	成 形 依 据	成 形 步 骤	成 形 结 果	注 意 事 项
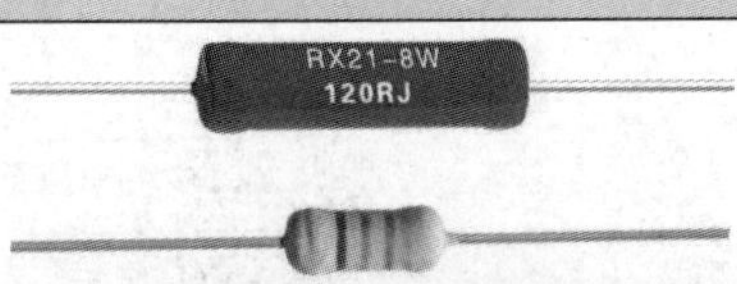				

续表

元器件	成形依据	成形步骤	成形结果	注意事项

操作成绩评定

利用给定的元器件对学生进行元器件引脚成形技能考核，并对考核过程中学生的操作能力进行评价，将结果填入表 2-7。

表 2-7　元器件引脚成形操作能力评价表

序号	评价维度	评价情况		
		自我评价	小组评价	教师评价
1	电阻的引脚成形			
2	二极管的引脚成形			
3	三极管的引脚成形			
4	场效应晶体管的引脚成形			
5	集成电路的引脚成形			

总结反思

（1）对元器件进行引脚成形时，应如何规范操作？
（2）为什么要对元器件的引脚成形？
（3）多引脚元器件引脚成形时应注意什么？

技能训练 2.4　通孔焊接

扫一扫看通孔焊接教学课件

训练目标

（1）了解焊料的特性等。
（2）掌握手工焊接的规范、步骤、过程和注意事项。
（3）掌握拆焊的过程与注意事项。

训练内容

（1）点焊与带锡焊接。
（2）贴片焊接。

训练工具、仪表、器材

（1）工具：电烙铁。

（2）器材：电子元器件。

训练指导

1. 电烙铁的选用

在手工焊接中，选用什么样的电烙铁完全由所需焊接的工件和焊料来决定。表 2-8 所示为电烙铁的参数与焊接工件的对应关系。

在焊接中，如果不明确电烙铁与被焊工件之间的对应关系，盲目选用电烙铁，那么不但不能保证焊接的质量，而且可能会损坏元器件或印制电路板。若焊接温度过低，焊料熔化较慢，助焊剂不能挥发，则焊点不光滑、不牢固，这样势必造成焊接强度及外观质量的不合格，甚至焊料不能熔化而使焊接无法进行，或者造成元器件损坏。

表 2-8　电烙铁的参数与焊接工件的对应关系

电烙铁的功率	烙铁头温度（℃）	焊 接 工 件
20 W 外热式	250～400	集成电路、玻璃壳二极管
25 W 外热式	300～400	一般印制电路板、导线
35～50 W 内热式、外热式	350～450	焊片、大电阻、功率管、热敏元件、同轴电缆
100 W 内热式、外热式	400～550	散热片、8 W 以上的电阻、2 A 以上导线、接线柱
50 W 防静电调温烙铁	100～550	贴片元件、CMOS 集成电路

注意事项：

（1）电烙铁有两种加热方式：内热式与外热式。由于加热方式不同，所以相同瓦数电烙铁的实际功率相差很大，一个 20 W 内热式电烙铁的实际功率相当于 25～45 W 外热式电烙铁的实际功率。选用电烙铁时首先要注意电烙铁的加热方式，相同加热方式的电烙铁，一般功率越大，烙铁头的温度越高，热容量也越大。

（2）烙铁头的温度除与电烙铁的功率有直接关系外，与电源电压的变化也有一定的关系。当电源电压波动较大时，烙铁头顶端的温度也随着变化。为了保证焊接质量，在供电网电压变化比较大的地方使用电烙铁时，应加装稳压电源或调压器，也可采用恒温电烙铁。

（3）当不知所用的电烙铁为多大功率时，可测量其内阻，通过公式计算出功率。外热式电烙铁烙铁芯的功率不同，其内阻也不同。25 W 电烙铁的内阻约为 2 kΩ，45 W 电烙铁的内阻约为 1 kΩ，75 W 电烙铁的内阻约为 0.6 kΩ，100 W 电烙铁的内阻约为 0.5 kΩ。

必须注意：电烙铁一般有三个接线柱，其中一个是接金属外壳的，接线时不能接错，最简单的办法是用万用表测量外壳与接线柱之间的电阻值，若电阻值接近 0，则说明该接线柱是接金属外壳的。

2. 电烙铁使用前的准备

1）烙铁头的修整和镀锡

在使用新电烙铁前应先给烙铁头镀上一层焊锡。具体的方法：首先用锉刀把烙铁头按需要锉成一定的形状，然后接上电源，当烙铁头温度升高至能熔锡时，将松香涂在烙铁头上，等松香冒烟后再涂上一层焊锡，如此反复进行 2～3 次，使烙铁头挂上一层锡便可使用了。

如果烙铁头是进行了电镀的，那么一般不需要修锉或打磨。因为电镀层能保护烙铁头不被腐蚀。没有进行电镀的烙铁头经过一段时间的使用后，表面会出现凹凸不平的现象。若氧化较严重，则需要细锉修平，立即镀锡，然后在松香中来回摩擦，直到整个烙铁头修整面均匀镀上一层锡为止。

2）烙铁头长度的调整

当我们选用了内热式电烙铁后，功率大小已基本满足焊接的温度需要，但是仍不能完全适应印制电路板中所装元器件的需求。如焊接集成电路与晶体管时，烙铁头的温度不能太高，且时间不能过长，此时可将烙铁头插在烙铁芯上的长度进行适当的调整，进而控制烙铁头的温度。

3. 焊接的要领

掌握焊接的要领是进行焊接的基本条件。对于初学者，一方面要不断地向有经验的工程技术人员学习，另一方面要在实践中不断摸索焊接技巧，只有这样，才能不断地提高自己的焊接水平。

1）设计好焊点

合理的焊点形状对焊接的质量至关重要。印制电路板的焊点应为圆锥形，而导线之间的焊接，则应将导线交织在一起，焊成长条形，这样才能保证焊点具有足够的强度。常见的焊点形状如图 2-9 所示。

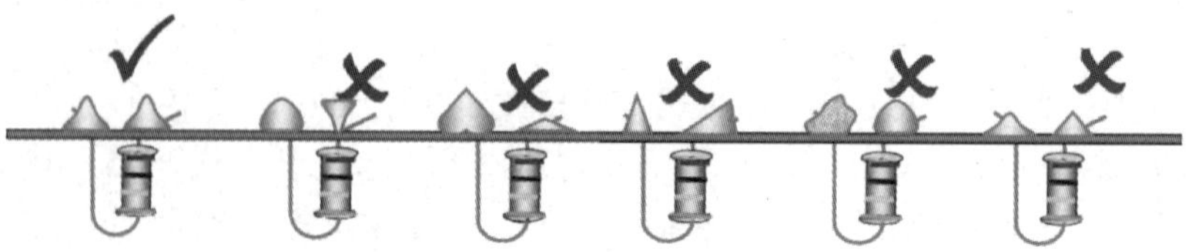

图 2-9　常见的焊点形状

2）掌握好焊接的时间

焊接的时间是随电烙铁功率的大小和烙铁头的形状而变化的，也与被焊工件的大小有关。焊接时间一般为 2～5 s，既不可太长，也不可太短。要想准确地把握焊接时间，必须靠自己不断在实践中摸索。但初学者往往把握不准，有时担心焊接不牢而使焊接时间过长，造成印制电路板焊盘脱落、塑料变形、元器件性能变差甚至失效、焊点性能变差等后果；有时又怕烫坏元器件，烙铁头轻点几下，表面上已焊好，实际上却是虚焊、假焊。

3）掌握好焊接的温度

在焊接时，为使被焊工件达到适当的温度，并使固体焊锡迅速熔化润湿，就要有足够的热量和温度。若焊接温度过低，则焊锡流动性差，很容易凝固，形成虚焊；若焊接温度过高，则焊锡流淌，焊点不易存锡，印制电路板上的焊盘容易脱落。特别需要注意的是，当使用天然松香助焊剂时，若焊接温度过高，则很容易使松香助焊剂氧化脱羧产生炭化，进而造成虚焊。

温度合适的简易判断标准：用烙铁头去碰触松香助焊剂，当发出“吱”的声音时，说明温度合适。

焊点的标准：被焊工件完全被焊锡所润湿（焊锡的扩散范围达到要求后）。通常情况下，烙铁头与焊点的接触时间长短以焊点光亮、圆滑为宜。若焊点不亮并形成粗糙面，则说明温度不够、时间太短，此时需要增加焊接温度；若焊点上的焊锡成球不再流动，则说明焊接温度太高或焊接时间太长，此时需要降低焊接温度。

4）助焊剂的用量要合适

使用助焊剂时，必须根据被焊工件的面积大小和表面状态适量施用。具体地说，焊锡以包着引线灌满焊盘为宜，如图 2-10 所示。助焊剂的用量会影响焊接质量，过量的助焊剂增加了焊接时间，相应地降低了焊接速度。更为严重的是，在高密度的电路中，很容易造成不易察觉的短路。当然助焊剂的用量也不能过少，助焊剂过少不能使被焊工件牢固地结合，降低了焊点强度，特别是在印制电路板上焊接导线时，助焊剂不足往往会造成导线脱落。

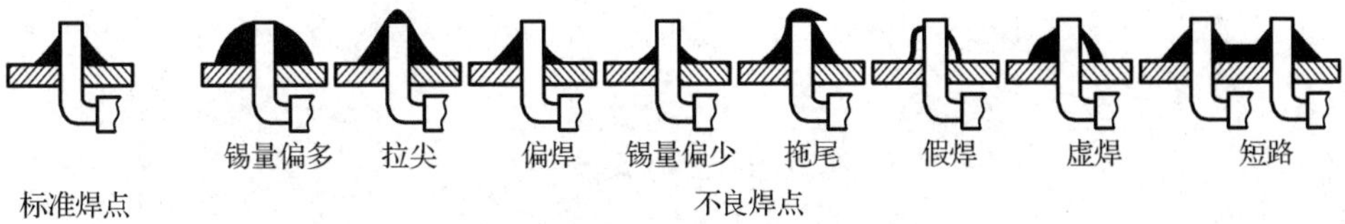

图 2-10　焊锡量参考图

5）焊接时不可施力

不得用烙铁头对焊点施力。烙铁头把热量传给焊点主要靠增加接触面积，用烙铁头对焊点施力会造成被焊工件的损伤，例如，电位器、开关和接插件的焊点往往是固定在塑料构件上的，施力容易造成元器件变形、失效。

6）掌握好焊点的形成火候

焊点的形成过程：将烙铁头的搪锡面紧贴焊点，焊锡全部熔化，并因表面张力紧缩而使表面光滑后，轻轻转动烙铁头带去多余的焊锡，从斜上方 45° 的方向迅速脱开，便留下了一个光亮、圆滑的焊点；若烙铁头不挂锡，则烙铁头应从垂直向上的方向撤离焊点，如图 2-11 所示。焊点形成后，焊盘上的焊锡不会立即凝固，所以此时要注意不能移动被焊工件，否则焊锡会凝成砂粒状，使被焊工件附着不牢，造成虚焊。另外也不能向焊锡吹气散热，应让它自然冷却凝固。若烙铁头脱开后，焊点带上锡峰，则说明焊接时间过长，助焊剂气化，这时应重新焊接。

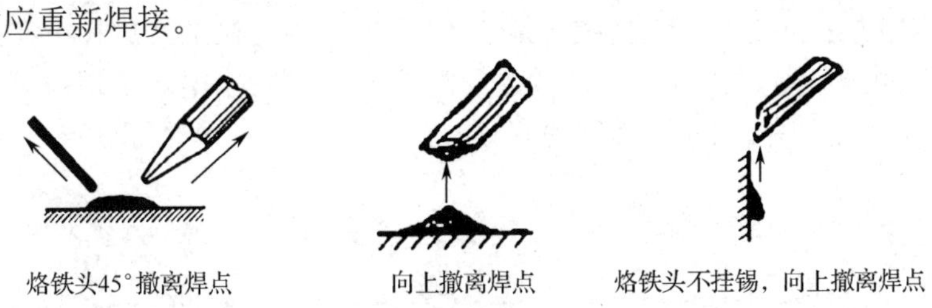

图 2-11　烙铁头撤离焊点的方向

7）焊接后的处理

当焊接结束后，焊点的周围会留有一些残留的焊锡和助焊剂，焊锡易使电路短路，助焊剂有腐蚀性，若不及时清除，则会腐蚀元器件或印制电路板，破坏电路的绝缘性能。同时还应检查电路是否有漏焊、虚焊、假焊及焊接不良的焊点，并可以用镊子将可能存在问题的元器件拉一拉、摇一摇，查看有无松动的元器件。

4. 焊接的步骤

1）焊接的姿势

在焊接时，助焊剂加热挥发，对人体有害，因此必须在装有排气扇的环境中进行，同时人的面部和电烙铁的距离至少为 40 cm。

（1）电烙铁的握法：电烙铁的握法一般有三种方式，如图 2-12 所示。电烙铁不用时应放在烙铁架上，烙铁架放置在操作者右前方 40 cm 左右，放置要稳妥，远离塑料件等物品，以免发生意外。

图 2-12　电烙铁的握法

（2）焊锡丝的拿法：在手工焊接中，一般右手握电烙铁，左手拿焊锡丝，如图 2-13 所示，要求两手相互协调工作。

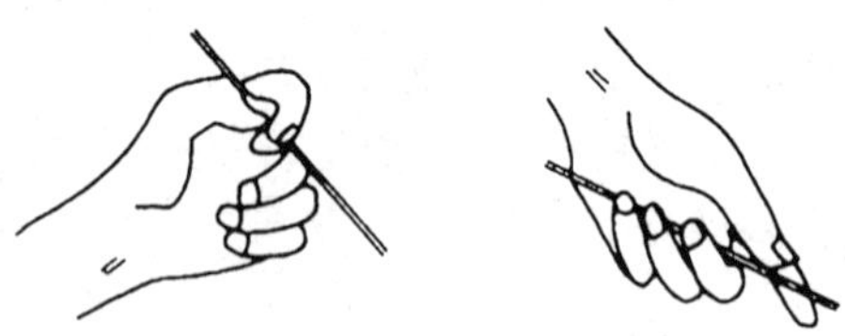

图 2-13　焊锡丝的握法

2）焊接的方法

焊接的方法主要有两种。一种是带锡焊接法，即用加热的烙铁头沾上适量的焊锡，进行焊接。另一种方法是点锡焊接法，这种方法是将烙铁头放在焊接位置上，另一手捏着焊锡丝，用它的一端去接触焊点处的烙铁头来进行焊接。这种方法必须双手相互配合，才能保证焊接的质量。

（1）带锡焊接法：带锡焊接法不是标准的焊法，但我们在维修过程中有时也采用此种方法，尽管存在润湿不足、结合不易形成的问题，但只要操作得当，还是可以在焊锡缺乏的条件下作为一种应急焊接方法。其过程可分为三步，如图 2-14 所示。

图 2-14　带锡焊接法的步骤

① 烙铁头带锡：将焊锡熔化在烙铁头上，如图 2-14（a）所示。

② 上烙铁头：将烙铁头放在需要焊接的工件上，如图 2-14（b）所示。

③ 移开烙铁头：当焊锡完全润湿焊点后移开烙铁头，移开的方向为斜上方 45° 的方向，如图 2-14（c）所示。

（2）点锡焊接法：点锡焊接法又称为五步焊接法，初学者都必须从此法开始训练，如图 2-15 所示。

① 准备施焊：准备好焊锡和电烙铁，此时要特别强调的是，烙铁头要保持干净，即可以沾上焊锡（俗称吃锡）。左手拿焊锡，右手拿电烙铁，对准焊接部位，如图 2-15（a）所示。

② 加热焊件：使烙铁头接触焊点，注意首先要使电烙铁加热焊件各部分，元器件引线和印制电路板都要受热，其次要让烙铁头的扁平部分接触热容量较大的焊件，烙铁头的侧面或边缘部分接触热容量较小的焊件，以保持受热均匀，如图 2-15（b）所示。

③ 熔化焊锡：当焊件加热到能熔化焊锡的温度后将焊锡置于焊点，焊锡开始熔化并润湿焊点，熔化焊锡要适量，如图 2-15（c）所示。

④ 移开焊锡：当熔化一定量焊锡后将焊锡移开，如图 2-15（d）所示。

⑤ 移开电烙铁：当焊锡完全润湿焊点后移开烙铁头，注意移开烙铁头的方向应该是斜上方 45° 的方向，如图 2-15（e）所示。

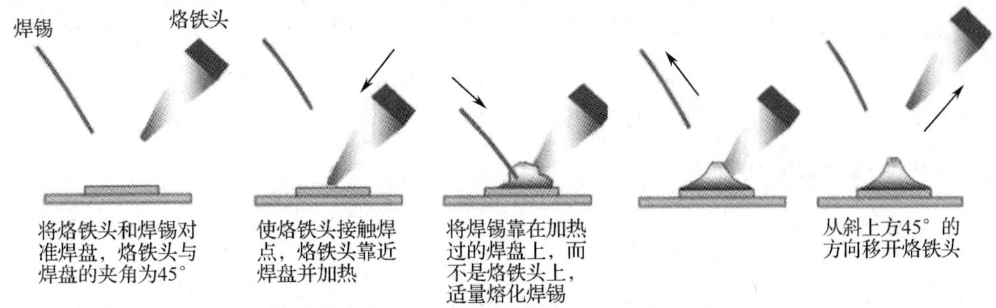

（a）准备施焊　（b）加热焊件　（c）熔化焊锡　（d）移开焊锡　（e）移开烙铁头

图 2-15　点锡焊接的步骤

上述五步间并没有严格的区分，想要熟练掌握焊接的方法，必须经过大量的实践，特别是准确掌握各步骤所需的时间，这对焊接质量至关重要。

5. 电烙铁的维护

（1）外表维护：电烙铁在不使用时，要放置在特制的烙铁架上，以免烧坏电烙铁的电源线或其他物品；要经常检查电源线及插头是否完好，若有铜导线裸露，则要用绝缘胶布包好；要检查电烙铁的螺钉是否紧固，若有松动的部件，则应及时修复。

（2）烙铁头维护：烙铁头要经常趁热上锡，如果发现烙铁头上有氧化物，那么应在有余热时用破布等将氧化层或污物擦除，并涂上助焊剂（如松香助焊剂），随后立即通电，使烙铁头镀一层焊锡。进行焊接时，应采用松香或弱酸性助焊剂。对新的电烙铁或长期未用的电烙铁，要先去除烙铁头表面的氧化层，再用锉刀锉掉烙铁头的一层氧化铜，趁热上锡。注意使用过程中电烙铁不宜长时间空热，以免烙铁头再次被氧化“烧死”。

（3）整体维护：由于电烙铁的加热器是由很细的电阻丝绕制在陶瓷材料上而制成的，易碎、易断，所以在使用过程中要轻拿轻放，决不可因烙铁头上沾锡太多，随意敲打。

6. 电烙铁的故障维修

电烙铁在使用过程中，经常会出现“电烙铁通电后不热”故障。首先应用万用表“R×10”挡测量电烙铁插头的两端，若万用表指针指示的读数接近 0，则说明有短路故障。故障多为插头内短路，或者是防止电源引线转动的压线螺钉脱落，致使接在烙铁芯引线柱上的电源引线断开而发生短路。当发现短路故障时，应及时处理，不能再次通电，以免烧坏保险丝。若万用表指针不动，则说明有断路故障。当插头本身没有断路故障时，可卸下胶木柄，再用万用表测量烙铁芯的两根引线，若万用表指针仍不动，则说明烙铁芯损坏，应更换新的烙铁芯。若测得烙铁芯两根引线间的电阻值为几千欧，则说明烙铁芯是好的，故障出现在电源引线及插头上，多数为电源引线断路故障或插头中的接点断开。进一步用万用表的“R×1”挡测量引线的电阻值，便可发现问题。

更换烙铁芯的方法：将固定烙铁芯引线的螺钉松开，引线卸下，把烙铁芯从连接杆中取出，然后将新的同规格烙铁芯插入连接杆，引线固定在固定螺钉上，并注意将烙铁芯多余的引线头剪掉，以防止两根引线短路。

另外也有“烙铁头带电”的故障。一般是由于电源引线从烙铁芯引线螺钉上脱落后，又碰到了接地线的螺钉上，从而造成烙铁头带电，也可能是电源引线错接在接地线的接线柱上，这种故障最容易造成触电事故，并损坏元器件。因此，要随时检查压线螺钉是否松动或丢失。若有丢失、损坏的情况，则应及时配好或更换（压线螺钉的作用是防止电源引线在使用过程中由于拉伸、扭转而脱落）。

7. 印制电路板的焊接方法

1）焊前处理

首先应检查印制电路板是否符合要求，表面处理是否合格，有无污染、变质和断裂；图形、孔位及孔径是否符合图纸要求等；元器件的品种、规格及外封装是否与图纸吻合，元器件引线有无氧化、锈蚀。然后对印制电路板、元器件去氧化层与上锡。由于元器件、印制电路板经过长期存放后，其元器件引线和印制电路板的焊盘表面吸附有灰尘、杂质，或者在空气中氧化形成了氧化层。因此元器件在装入印制电路板前，需要对引脚进行浸锡处理，以保证不虚焊。

去氧化层的方法：用小刀或锋利的工具沿着引线方向，在距离元器件引脚根部 2～4 mm 处向外刮，一边刮，一边转动工件引线，直到将引脚上的氧化物彻底刮净。刮引脚时要注意，不能把工件引脚上原有的镀层刮掉，见到原金属的本色即可，同时也要注意，不能用力过猛，以防将元器件的引脚刮断或折断。将刮净的元器件引脚及时蘸上助焊剂，放入锡锅浸锡，或者用电烙铁上锡。不管用哪种方法，上锡的时间都不能过长，以免元器件因过热而损坏。尤其是半导体器件（如晶体管）在浸锡时需要用镊子夹持引脚上端，以帮助其散热。

有些元器件在操作时还应注意保护，如焊接 CMOS 集成电路时要戴防静电手腕，使用的工具（如螺丝刀、钳子）不能划伤印制电路板铜箔等。

2）印制电路板焊接注意事项

印制电路板的焊接在整个电子产品制造中处于核心地位，其质量的好坏直接影响到整机产品质量的好坏。

焊接印制电路板时，除遵循焊接要领外，还要注意单面板的元器件应装在印制电路板的反面（无铜箔面），引脚插过洞孔与焊盘连接。

焊接时需特别注意以下几点。

（1）电烙铁：一般选用内热式电烙铁（20～35 W）或恒温电烙铁，烙铁头的温度以300 ℃为宜；烙铁头的形状应根据印制电路板焊盘大小选择凿形或圆锥形，目前印制电路板的发展趋势是小型密集化，一般常用小型圆锥形烙铁头。

（2）焊锡丝：一般选用含锡量为 39%～41%的 58-2 焊锡。

（3）加热方法：加热时应尽量使烙铁头同时接触印制电路板上的铜箔和元器件引脚。对较大的焊盘进行焊接时可移动烙铁头，即电烙铁绕焊盘转动，以免长时间加热某部位，造成局部过热。

（4）双面板的焊接：两层以上印制电路板的孔都要进行金属化处理。焊接时可采用单面板的焊接方式，不仅要让焊锡润湿焊盘，使孔充分润湿，还要使焊锡从孔的一侧流到另一侧，当然也可以两面焊接，但要充分加热，排尽孔中的气体，以免产生气泡，造成虚焊，如图 2-16 所示。

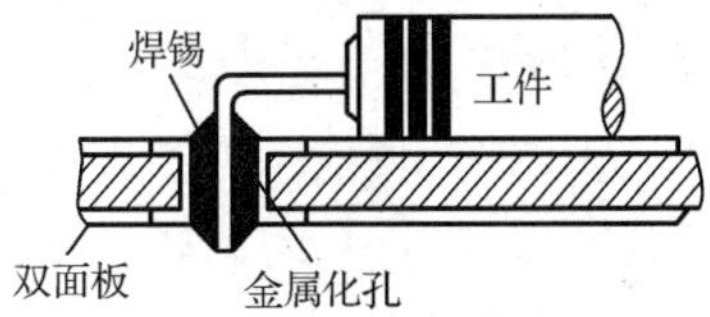

图 2-16　双面板的焊接示意图

（5）耐热性差的元器件应使用工具辅助散热。

3）焊后处理

（1）剪去多余引脚，注意不要对焊点施加剪切力以外的其他力。

（2）检查印制电路板上所有元器件的引脚焊点，修补缺陷。

（3）清洁印制电路板。

8. 焊接训练

1）带锡焊接

（1）调整烙铁头长度并给烙铁头镀锡。

（2）剪下长约 5 cm 的漆包线 100 根，用电工刀刮去漆包线两端约 5 mm 的漆，然后在锡锅中浸锡。

（3）观察教师的焊接姿势及焊接过程。

（4）根据带锡焊接法的要点，按带锡焊接法的 3 个步骤，在图 2-17 所示的印制电路板（也可以是类似的印制电路板）上完成 200 个点的焊接。

焊接注意事项：

① 坐姿正确、握电烙铁方式规范。

② 掌握好每一步的时间，以免焊点不合格。

③ 注意操作要领。

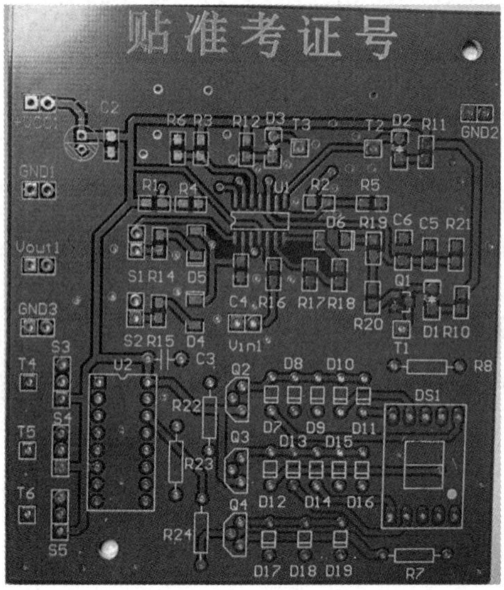

图 2-17 印制电路板

2）点锡焊接

（1）调整烙铁头长度并给烙铁头镀锡。

（2）剪下长约 5 cm 的漆包线 100 根，用电工刀刮去漆包线两端约 5 mm 的漆，然后在锡锅中浸锡。

（3）观察教师的焊接姿势及焊接过程。

（4）根据点锡焊接法的要点，按点锡焊接法的 5 个步骤，在图 2-17 所示的印制电路板（也可以是类似的印制电路板）上完成 200 个点的焊接。

焊接注意事项：

① 坐姿正确、握电烙铁方式规范、送锡方式标准。

② 掌握好每一步的时间，特别是第 4 步的时间要把握好，否则焊点不合格。

③ 注意操作要领。

3）元器件的焊接

（1）将表 2-9 所示的元器件按要求焊接在图 2-18 所示的印制电路板中（也可以用类似的元器件与印制电路板进行焊接训练）。

（2）认真检查印制电路板上的每一个焊盘，若已氧化，则需清除氧化层。

（3）元器件在印制电路板上的焊接一般有 2 种焊接方法：一种是贴板焊接（短引脚）；另一种是悬挂焊接（长引脚）。在此焊接训练中，将元器件分为两部分，一部分采用贴板焊接，另一部分采用悬挂焊接。

表 2-9 元器件焊接训练清单

序 号	名 称	型号或规格	数 量	配件图号
1	贴片电阻	0805［(10±1%) kΩ］	3	R1、R4、R20
2	贴片电阻	0805［(20±1%) kΩ］	1	R2
3	贴片电阻	0805［(12±1%) kΩ］	1	R3

续表

序　　号	名　　称	型号或规格	数　　量	配件图号
4	贴片电阻	0805［(5.1±1%) kΩ］	5	R5、R6、R9、R16、R17
5	贴片电阻	0805［(1±1%) kΩ］	5	R10、R11、R18、R12、R21
6	贴片电阻	0805［(3.3±1%) kΩ］	1	R13
7	贴片电阻	0805［(510±1%) Ω］	2	R14、R19
8	贴片电阻	0805［(100±1%) Ω］	1	R15
9	金属膜电阻器	RJ［0.25 W、(1±1%) kΩ］	1	R7
10	金属膜电阻器	RJ［0.25 W、(100±1%) Ω］	1	R8
11	金属膜电阻器	RJ［0.25 W、(10±1%) kΩ］	3	R22～R24
12	电解电容	CD11（16 V、100 μF）	1	C1
13	贴片电容	0805（0.1 μF）	3	C2、C4、C5
14	贴片电容	1206（10 μF）	1	C6
15	独石电容	CT4（40 V、0.1 μF）	1	C3
16	贴片发光二极管	1206（红）	3	D1～D3
17	贴片二极管	1N4148（LL34）	3	D4～D6
18	二极管	1N4148（DO-25）	13	D7～D19
19	贴片三极管	9014（SOT-23）	1	Q1
20	三极管	9012（TO-92）	3	Q2～Q4
21	数码管	SM4205	1	DS1
22	集成电路	LM324（SO-14）	1	U1
23	集成电路	74LS138（DIP-16）	1	U2
24	单排针	2.54 mm（直）	1	S1～S5、T1～T6、+VCC1、GND1～GND3、Vin1、Vout1
25	接插件	IC16	1	U2 配套

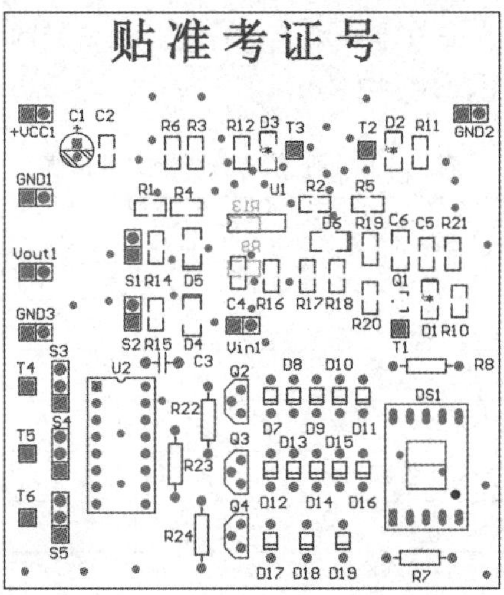

图 2-18　元器件焊接印制电路板

（4）元器件的引脚成形除了去氧化层、浸锡和清洗外，还需根据贴板焊接或悬挂焊接的要求分别对元器件的引脚进行弯曲加工，以便使元器件保持最佳的机械性能。一般情况下，贴板焊接的元器件两端引脚的长度约为 2 mm，如图 2-19（a）所示；悬挂焊接的元器件短引脚距离印制电路板不得小于 5 mm，如图 2-19（b）所示。

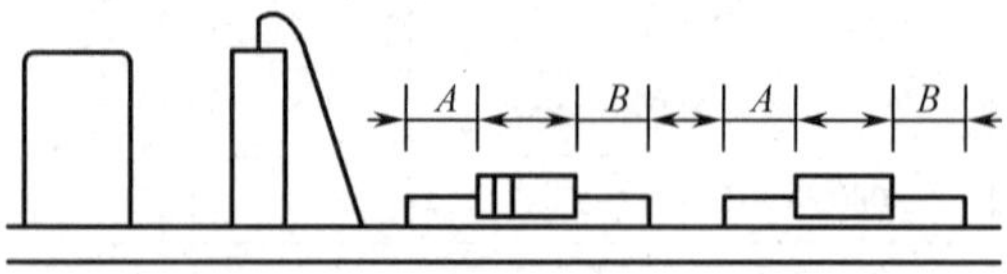

（a）贴板焊接

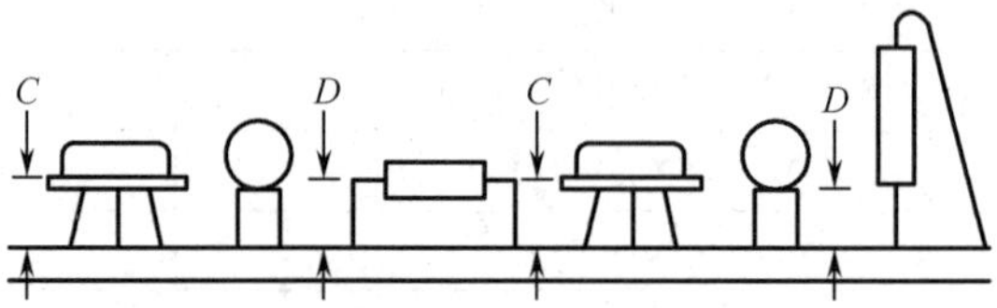

（b）悬挂焊接

图 2-19　元器件引脚成形示意图

（5）使元器件引脚在锡锅中浸锡。

（6）根据焊接的方法，先进行贴板焊接，再进行悬挂焊接。进行悬挂焊接前，需在各元器件引脚外露部分套上耐热的黄蜡管。要求每个焊点都合格，尽量一次成形，若焊点不合格，则需要修复。

（7）焊接完毕，应用清洗剂洗去多余的助焊剂。

焊接注意事项：

① 坐姿正确、握电烙铁方式规范、送锡方式标准。

② 注意操作要领，特别是贴板焊接和悬挂焊接的元器件引脚的弯曲长度。

③ 掌握好每一步的时间，反复训练。

操作成绩评定

利用给定的印制电路板和元器件对学生进行通孔焊接技能考核，并对考核过程中学生的操作能力进行评价，将结果填入表 2-10。

表 2-10　通孔焊接操作能力评价表

序　号	评价维度	评价情况		
		自我评价	小组评价	教师评价
1	电烙铁的选用			
2	烙铁头的使用与维护			
3	通孔焊接前的印制电路板处理			
4	通孔焊接前的元器件引脚成形			
5	通孔焊接的具体操作			
6	通孔焊接的质量检查与完善			

总结反思

（1）点锡焊接法又称为五步焊接法，焊接时右手拿电烙铁，左手拿焊锡，两手要相互配合、协调一致。不仅如此，还要掌握正确的操作方法及焊接要领，这样才能做到焊点光亮圆滑、大小均匀，杜绝虚焊、假焊现象。该方法具有焊接速度快、焊点质量高等特点，适用于多个元器件的快速焊接，具体焊接过程可分为____________、____________、____________、____________与____________。

（2）在焊点接近饱满，助焊剂尚未完全挥发，也就是焊点上的温度最适当，焊锡最光亮、流动性最强的时刻迅速拿开________。拿开电烙铁的时间、方向和速度决定着焊点的质量和外观。正确方法是烙铁头沿焊点水平方向移动，在将要离开焊点时，快速往回带一下，然后迅速离开焊点，这样才能保证焊点光亮、圆滑、不出现毛刺。

（3）在焊点上的焊锡开始熔化后，应将依附在焊点上的烙铁头根据焊点的形状移动，以使熔化的焊锡在助焊剂的帮助下流布焊点，并渗入被焊面的缝隙，当焊点上的焊锡适量后应拿开______。

（4）电烙铁的选择：电烙铁的功率应由焊点的大小决定。电烙铁经过长时间使用后，烙铁头表面会生成一层氧化物，使其不容易吃锡，这时可以用_____锉掉氧化层，将电烙铁通电后等烙铁头微热时插入松香，涂上焊锡即可继续使用，新买来的电烙铁也必须先上锡再使用。

（5）焊锡和助焊剂：选用低熔点的焊锡和没有腐蚀性的助焊剂，如松香，不宜采用工业焊锡和有腐蚀性的酸性焊油，最好采用含有松香的_______，使用起来非常方便。

（6）焊接方法：元器件必须先清洁和______，并且立即涂上一层焊锡（俗称搪锡），然后进行焊接。经过上述处理后元器件容易焊牢，不容易出现虚焊现象。

（7）焊接的温度和焊接的时间：焊接时应使电烙铁的温度高于焊锡的温度，但也不能太高，以烙铁头碰触松香_______为好。若焊接时间太短，焊点的温度过低，则焊锡熔化不充分，焊点粗糙容易造成虚焊；反之，若焊接时间过长，则焊锡容易流淌，并且容易使元器件过热，从而损坏元器件。

（8）焊点的焊锡数量：焊点上的焊锡量不能太少，太少了焊接不牢，机械强度也太差；太多容易导致看起来很多而实际内部未接通。焊锡应该刚好将焊点上的元器件引脚________，轮廓隐约可见。

技能训练 2.5　导线加工焊接

扫一扫看导线的加工与焊接教学课件

训练目标

（1）掌握导线的加工方法。
（2）掌握导线的焊接方法。

训练内容

（1）导线加工。

（2）导线焊接。

训练工具、仪表、器材

（1）工具：电烙铁、剪刀（或电工刀）、尖嘴钳（或斜口钳）、剥线钳、热控剥皮器。

（2）器材：各类导线及附件。

训练指导

1. 导线加工常用工具及使用方法

1）剥线钳

剥线钳是用来对导线的绝缘端头进行处理的工具之一，其实物如图 2-20（a）所示。其通常适用于 ϕ0.5～ϕ2.0 mm 的以橡胶、塑料为绝缘层的导线、绞合线和屏蔽线。有特殊刃口的剥线钳也可用于以聚四氟乙烯为绝缘层的导线。

剥线时，将规定剥头长度的导线插入刃口内，压紧剥线钳，刀刃切入绝缘层内，随后夹爪抓住导线，拉出剥下的绝缘层。

2）热控剥皮器

热控剥皮器也是用来对导线的绝缘端头进行处理的工具之一，其实物如图 2-20（b）所示。

使用热控剥皮器时，首先通电预热 10 min，待热阻丝呈暗红色后，将需剥头的导线按剥头所需长度放在两个电极之间，边加热边转动导线，待四周绝缘层被切断后，用手边转动边向外拉，即可剥出无损伤的端头。

3）电工刀

电工刀是剥线最常用的工具，在使用时要掌握好力度，其实物如图 2-20（c）所示。

（a）剥线钳　　（b）热控剥皮器　　（c）电工刀

图 2-20　导线加工常用工具

2. 导线加工方法

1）绝缘导线的加工方法与步骤

（1）将导线拉直，用直尺和剪刀将导线裁剪成所需尺寸。

（2）先利用剪刀或电工刀在规定长度的剥头处切割一个圆形切口；然后切深；接着在切口处多次弯曲导线，靠弯曲时的张力撕破残余的绝缘层；最后轻轻地拉下绝缘层，如图 2-21 所示。

注意：在切割圆形切口时，用力要适当，不能损伤芯线。

（3）将剥出的多股芯线按原来的合股方向，一般以 30°～45°的螺旋角拧紧。导线捻头角度如图 2-22 所示。

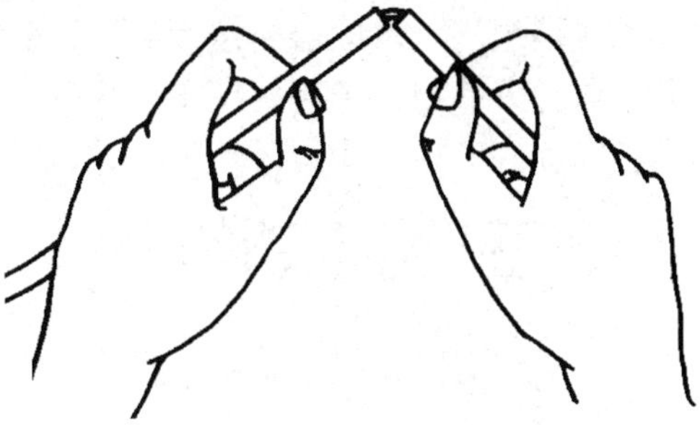

图 2-21　绝缘导线加工方法

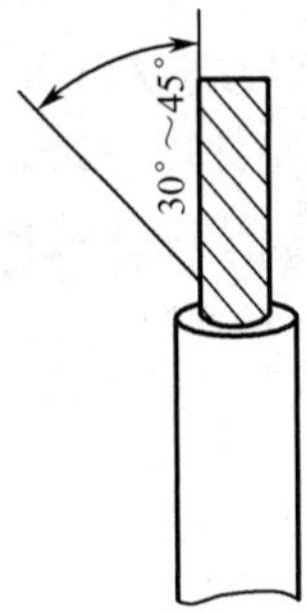

图 2-22　导线捻头角度

（4）在烙铁头上蘸满焊锡，将导线端头放在一块松香上，烙铁头压在导线端头，左手边慢慢地转动边往后拉，给芯线上锡。

（5）利用清洗剂（可以是酒精）对上好锡的导线端头上的焊锡或助焊剂的残渣进行清洁处理。

（6）对导线进行标记处理。

2）线绳绑扎线扎的加工方法与步骤

（1）准备一定长度的棉线（或亚麻线、尼龙线、尼龙丝）。

（2）将棉线放在温度不高的石蜡中浸一下，以增加绑扎线的涩性，使线扣不易松脱。

（3）线扎的起始线扣的结法：先绕一圈，拉紧，再绕第二圈，第二圈与第一圈靠紧。具体操作如图 2-23（a）所示。

（4）绕一圈后结扣的方法如图 2-23（b）所示。

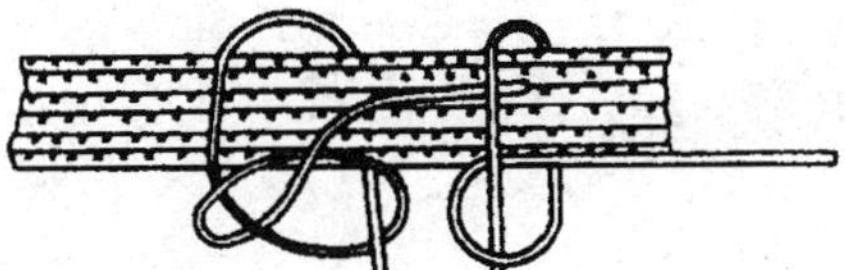

（a）起始线扣的结法

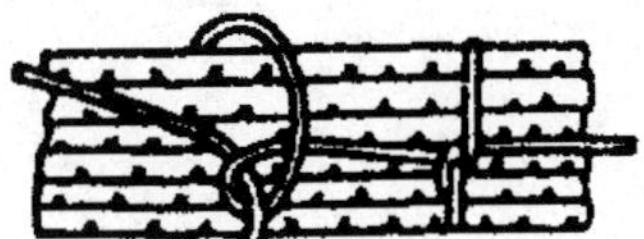

（b）绕一圈后结扣的方法

图 2-23　导线线扎示意图 1

（5）绕两圈后结扣的方法如图 2-24（a）所示。

（6）线扎的终端线扣的结法：先绕一个中间线扣，再绕一圈固定扣。具体操作如图 2-24（b）所示。

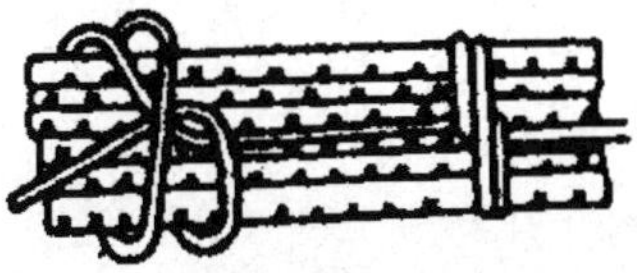

（a）绕两圈后结扣的方法

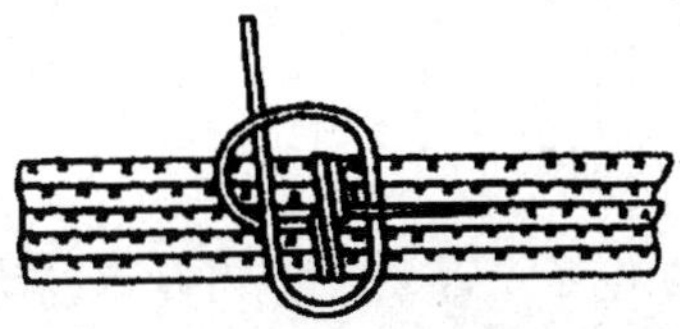

（b）终端线扣的结法

图 2-24　导线线扎示意图 2

（7）起始线扣与终端线扣绑扎完毕后应涂上清漆，以防止松脱。

3）屏蔽导线的加工方法与步骤

（1）用直尺和剪刀（或电工刀）将屏蔽导线裁剪成所需尺寸。

（2）用热控剥皮器烫一圈，深度直达铜编织层，再顺着断裂圈到端口烫一条槽，深度也要达到铜编织层，最后用尖嘴钳或医用镊子夹持绝缘护套并撕下。热剥法去除屏蔽导线绝缘护套示意图如图 2-25 所示。

图 2-25　热剥法去除屏蔽导线绝缘护套示意图

（3）用热剥法将屏蔽导线上的绝缘护套剥去后，对芯线进行捻头处理。

注意：芯线较细，捻头时用力要适当，防止拧断芯线。

（4）对屏蔽导线进行浸锡处理。但在对铜编织层进行浸锡处理时，应用尖嘴钳夹持离端头 5～10 mm 的地方，以防止焊锡渗透距离过长而形成硬结。屏蔽导线端头的浸锡处理如图 2-26 所示。

图 2-26　屏蔽导线端头的浸锡处理

4）扁平线缆的加工方法与步骤

（1）将被连接的扁平线缆和插件置于穿刺机上、下工装模块之中。

（2）将芯线的中心对准插座每个簧片中心缺口。

（3）将上工装模块压下进行穿刺操作。

（4）插座的簧片穿过绝缘层，在下工装模块的凹槽作用下将芯线夹紧。扁平线缆的加工如图 2-27 所示。

3. 导线焊接训练

导线焊接在电子产品装配中占有重要地位，对于出现故障的电子产品，导线焊点的失效率高于印制电路板，因此有必要对导线的焊接工艺给予重视。

导线的焊前处理：（1）去绝缘层；（2）预焊（浸锡）。

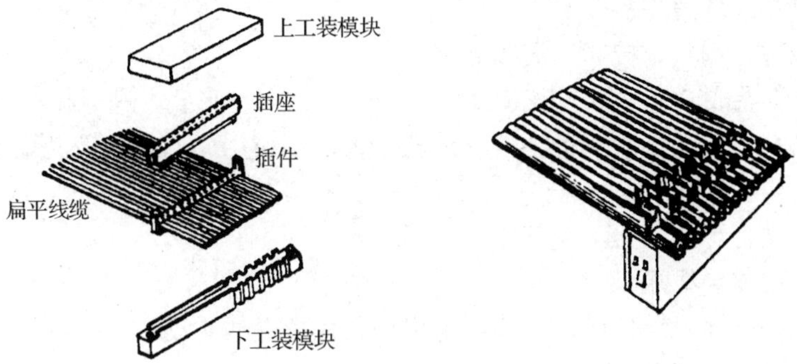

图 2-27 扁平线缆的加工

导线的焊接种类：（1）绕焊；（2）钩焊；（3）搭接焊。

导线的焊接形式：（1）导线-导线的焊接；（2）导线-片状焊件的焊接；（3）导线-杯形焊件的焊接；（4）导线-槽、柱、板形焊件的焊接；（5）导线-金属板的焊接；（6）导线-印制电路板的焊接等。

1）导线-导线的焊接步骤

（1）选取一根导线，从中间剪断。

（2）分别对两节导线的一端进行剥头处理。

（3）将剥出来的铜线按一定的方向拧紧。

（4）将导线端头浸锡。

（5）将两导线端头拧合在一起，进行焊接。

（6）在两导线端头连接处装上绝缘套管。

导线-导线的焊接如图 2-28 所示。

图 2-28 导线-导线的焊接

2）导线-片状焊件的焊接步骤

（1）对导线进行剥头、拧紧、浸锡处理。

（2）将导线的端头弯成钩状。

（3）对片状焊件进行去氧化层和浸锡处理，留出焊孔。

（4）将导线端头钩入片状焊件的焊孔内，用镊子夹住彼此连接处。

（5）用电烙铁进行焊接。

（6）在焊接处套上绝缘套管。

导线-片状焊件的焊接如图 2-29 所示。

图 2-29 导线-片状焊件的焊接

3）导线-杯形焊件的焊接步骤

（1）对导线进行剥头、拧紧、浸锡处理。

（2）将细砂纸卷成一个小筒（粗糙的一面朝外），放入杯形孔内进行旋转，去除氧化物。

（3）往杯形孔内滴一滴助焊剂，若杯形孔较大，则可用脱脂棉蘸着助焊剂在杯形孔内均匀擦一层。

（4）用电烙铁将焊锡熔化，使其流满杯形孔。

（5）用镊子夹住导线端头。

（6）将导线垂直插入焊件底部，移开电烙铁，保持导线不动，一直到焊锡凝固。

（7）完全凝固后立即套上绝缘套管。

导线-杯形焊件的焊接如图 2-30 所示。

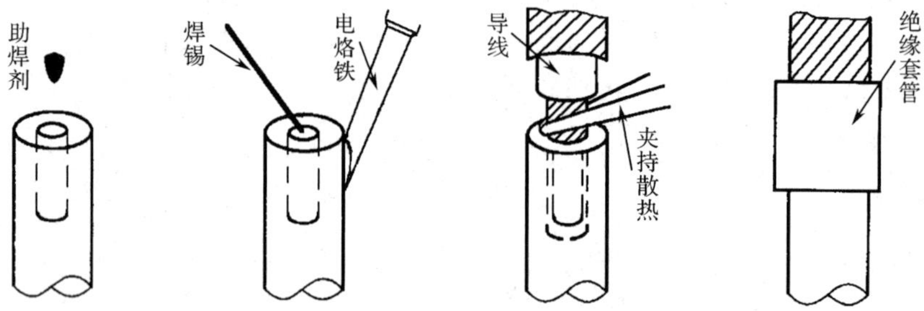

图 2-30　导线-杯形焊件的焊接

4）导线-槽形焊件的焊接步骤

（1）对导线进行剥头、拧紧、浸锡处理。

（2）用小圆锉对槽形焊件内的氧化层进行处理，然后进行清洗。

（3）在槽形焊件的焊接槽内注入一些焊锡膏，在距离焊件端头 2/3 处进行预上锡。

（4）将导线端头放入槽形焊件的焊接槽内，用电烙铁加热，进行焊接。

（5）在焊接处套上绝缘套管。

导线-槽形焊件的焊接如图 2-31 所示。

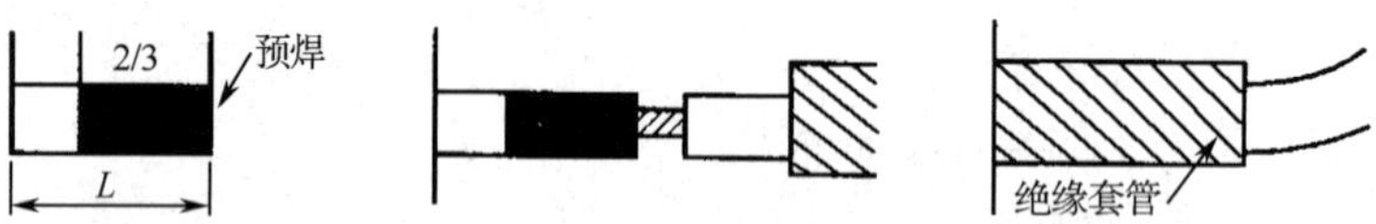

图 2-31　导线-槽形焊件的焊接

5）导线-柱形焊件的焊接步骤

（1）对导线进行剥头、拧紧、浸锡处理。

（2）用锉刀对柱形焊件周围进行除锈处理，然后进行清洗。

（3）在柱形焊件周围涂上一些焊锡膏，然后对其进行预上锡。

（4）将导线的端头缠绕在柱形焊件上。

（5）用镊子夹在导线的绝缘层端口处进行焊接，此时镊子既是固定工具，又是散热器，防止过多热量传导到导线内部。

（6）在焊接处套上绝缘套管。

导线-柱形焊件的焊接如图 2-32 所示。

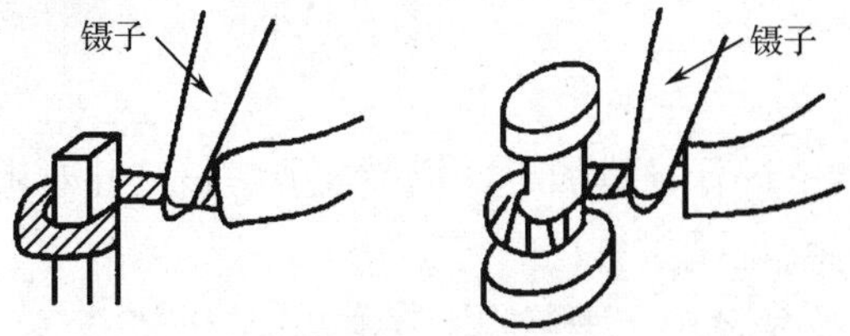

图 2-32　导线-柱形焊件的焊接

6）导线-板形焊件的焊接步骤

（1）对导线进行剥头、拧紧、浸锡处理。

（2）用细砂纸对板形焊件表面进行除锈处理，然后进行清洗。

（3）在板形焊件表面涂上一些焊锡膏，然后对其进行预上锡。

（4）将导线的端头缠绕在板形焊件的凹槽上。

（5）用镊子夹在导线的绝缘层端口处进行焊接。

（6）在焊接处套上绝缘套管。

导线-板形焊件的焊接如图 2-33 所示。

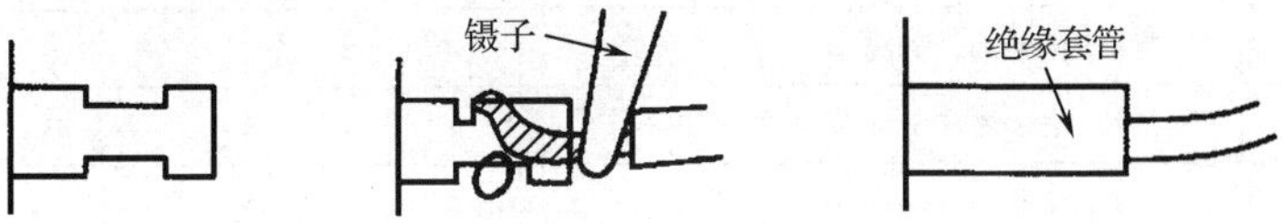

图 2-33　导线-板形焊件的焊接

7）导线-金属板的焊接步骤

（1）对导线进行剥头、拧紧、浸锡处理。

（2）用细砂纸对金属板表面进行除锈处理，然后进行清洗。

（3）在焊接区用力划出一些刀痕，以增加焊接面积。

（4）在金属板焊接表面涂上一些焊锡膏，然后对其进行预上锡。

（5）将导线端头放置于金属板上锡处，用电烙铁进行加热与焊接。

注意：① 由于金属板表面积大，吸热多而散热快，故常使用功率大的电烙铁。

② 紫铜、黄铜、镀锌等金属板较容易上锡。

③ 对于不容易上锡的金属板可使用少量焊油作为助焊剂。

8）导线-印制电路板的焊接步骤

（1）对各导线进行剥头、拧紧、浸锡处理。

（2）对各导线进行标记处理。

（3）用电烙铁进行焊接。

导线-印制电路板的焊接如图 2-34 所示。

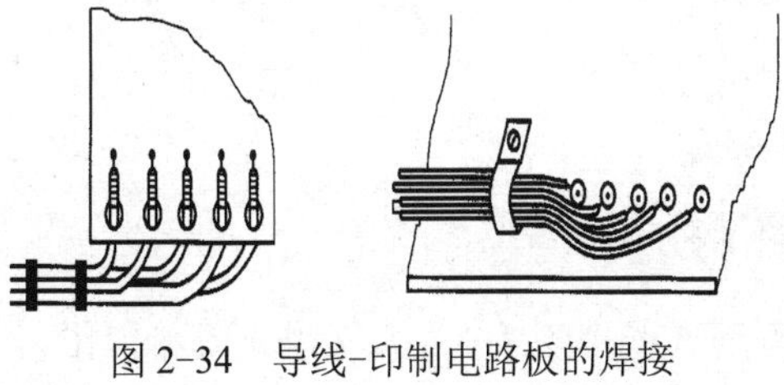

图 2-34　导线-印制电路板的焊接

操作成绩评定

利用给定的导线对学生进行导线加工、焊接技能考核，并对考核过程中学生的操作能力进行评价，将结果填入表 2-11。

表 2-11　导线加工、焊接操作能力评价表

序　号	评价维度	评价情况		
		自我评价	小组评价	教师评价
1	导线加工工具的选用			
2	绝缘导线的加工			
3	线绳绑扎线扎的加工			
4	屏蔽导线的加工			
5	扁平线缆的加工			
6	导线-导线的焊接			
7	导线-片状焊件的焊接			
8	导线-杯形焊件的焊接			
9	导线-槽形焊件的焊接			
10	导线-柱形焊件的焊接			
11	导线-板形焊件的焊接			
12	导线-金属板的焊接			
13	导线-印制电路板的焊接			

总结反思

（1）绝缘导线的加工工艺流程是什么？
（2）对线扎的绑扎通常采用哪些方法？
（3）屏蔽导线的加工工艺流程是什么？
（4）导线的焊接类型有几类？
（5）导线与焊件的焊接包括哪些形式？

技能训练 2.6　绕焊、钩焊与搭接焊

扫一扫看绕焊、钩焊与搭接焊教学课件

训练目标

理解绕焊、钩焊与搭接焊。

训练内容

绕焊、钩焊与搭接焊训练。

训练工具、仪表、器材

（1）工具：电烙铁、剪刀（或电工刀）、尖嘴钳（或斜口钳）、剥线钳、热控剥皮器。

（2）器材：各类导线及附件。

训练指导

1. 绕焊、钩焊、搭接焊的概念

电路之间导线与导线的焊接有三种基本形式：绕焊、钩焊和搭接焊。

1）绕焊

将镀过锡的导线缠绕拉紧后进行焊接。导线的粗细不同，绕焊方法也不同。若导线有粗有细，则可将细导线缠绕到粗导线上；若导线粗细相同，则可采用扭转并拧紧的方法。绕焊的可靠性最高，因此在导线与导线的焊接中一般采用绕焊方法。

2）钩焊

将镀过锡的导线弯成钩形，连接在一起并用钳子夹紧之后进行焊接。钩焊的强度低于绕焊，但是操作简单方便。

3）搭接焊

将镀过锡的导线搭接到另外一根镀过锡的导线上进行焊接。这种连接方法最方便，但强度、可靠性最差，仅用于维修调试中的临时接线，或者用在不方便绕焊、钩焊的地方及一些长插件的焊接上。

2. 绕焊、钩焊、搭接焊方法

1）绕焊方法

焊接前将经过镀锡的导线端头在接线端子上缠一圈，用镊子拉紧，缠牢后进行焊接，如图 2-35（a）所示。注意：导线一定要紧贴接线端子表面，绝缘层不接触接线端子，绝缘层距接线端子 1～3 mm 为宜。

2）钩焊方法

将镀过锡的导线端头弯成钩形，钩在接线端子上并用钳子夹紧后施焊，如图 2-35（b）所示。

3）搭接焊方法

搭接焊如图 2-35（c）所示，将镀过锡的导线搭接到另外一根镀过锡的导线上，再进行焊接。搭焊时需要注意从开始焊接到焊锡凝固都不能松弛导线。

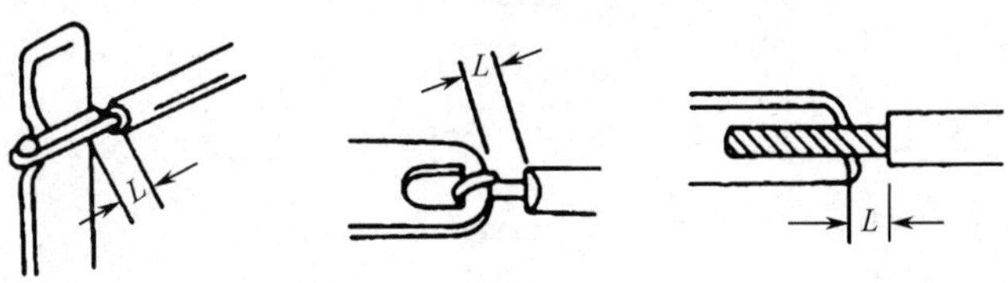

（a）绕焊　　（b）钩焊　　（c）搭接焊

图 2-35　导线的焊接

3. 绕焊、钩焊、搭接焊训练

（1）准备 30 W 直热式电烙铁、剥线钳、镊子、电工刀等工具，焊锡丝，松香助焊剂等，导线和带接线柱的印制电路板。常用工件的焊接印制电路板如图 2-36 所示。

（2）根据图 2-37 所示的焊接示意图，反复练习导线与接线柱之间的绕焊、钩焊和搭接焊操作，焊接时可采用单股线和多股线交替进行。

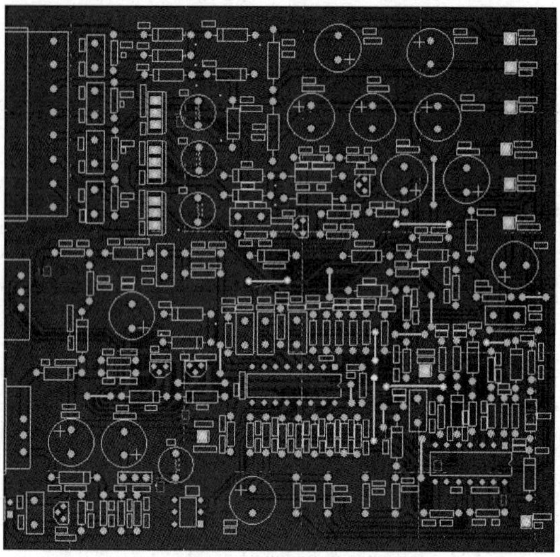

图 2-36　常用工件的焊接印制电路板

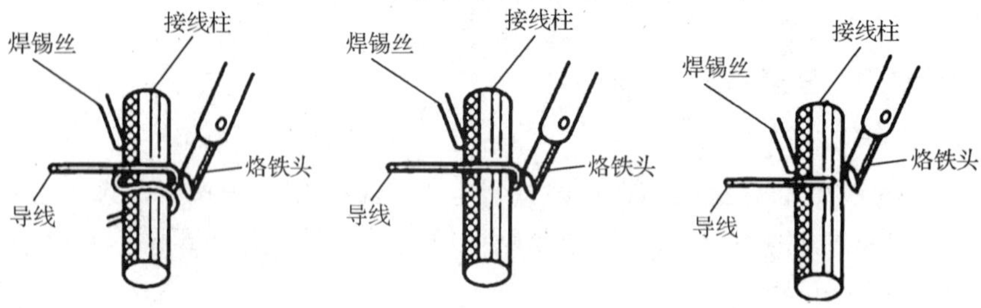

（a）绕焊示意图　（b）钩焊示意图　（c）搭接焊示意图

图 2-37　焊接示意图

注意事项：

① 多股线焊接前应拧线。

② 绕焊、钩焊和搭接焊的线头要紧贴接线柱表面。

③ 根据接线柱的大小选用不同功率的电烙铁，以免热量不够，造成焊点不合格。

操作成绩评定

利用给定的导线对学生进行绕焊、钩焊、搭接焊技能考核，并对考核过程中学生的操作能力进行评价，将结果填入表 2-12。

表 2-12　绕焊、钩焊、搭接焊操作能力评价表

序　号	评 价 维 度	评 价 情 况		
		自 我 评 价	小 组 评 价	教 师 评 价
1	绕焊、钩焊、搭接焊工具的选用			
2	绕焊的操作			

续表

序　号	评价维度	评价情况		
		自我评价	小组评价	教师评价
3	钩焊的操作			
4	搭接焊的操作			

总结反思

简述绕焊、钩焊与搭接焊的不同。

技能训练 2.7　塑封电子元器件焊接

扫一扫看塑封电子元器件的焊接教学课件

训练目标

（1）了解塑封电子元器件的性能。
（2）掌握塑封电子元器件焊接的方法。

训练内容

塑封电子元器件焊接。

训练工具、仪表、器材

（1）工具：电烙铁、剪刀（或电工刀）、尖嘴钳（或斜口钳）、剥线钳、热控剥皮器。
（2）器材：各类导线及附件。

训练指导

1. 塑封电子元器件的概念

塑封电子元器件是具有一定的电气特性、有由有机材料制造的外形或特定结构的电子元器件，如各种开关、继电器、延迟线、接插件等。它们最大的特点是不能承受高温，当对铸塑在有机材料中的导体施焊时，若不注意控制加热温度、加热时间，则极易使塑件变形，导致元器件失效或性能降低，造成隐患。

2. 塑封电子元器件焊接流程

塑封电子元器件的焊接按照下列流程开展操作。

（1）元器件预处理，要求一次镀锡成功，镀锡时加入的助焊剂要少，防止进入电接触点，尤其是当将元器件放在锡锅中浸锡时，更要掌握好浸入深度及时间。

（2）元器件成形后，装入印制电路板时要平稳，不能歪斜。

（3）焊接时烙铁头要修整好，尖一些，焊接时间要短，要一次成形，在保证润湿的条件下越短越好，决不允许采用小于规定功率的电烙铁反复焊接。

（4）焊接时焊锡要适量，送锡方式要正确。

（5）烙铁头在任何方向上均不要对接线片施加压力。

（6）焊接完成后要检查，但在塑壳未冷前不要摇动或进行牢固性试验。

3. 塑封电子元器件焊接训练

（1）准备 30 W 直热式电烙铁、剥线钳、镊子、电工刀等工具，焊锡丝，松香助焊剂等，导线和带接线柱的印制电路板。

（2）将工件表面清洁干净，并对表面进行上锡。

（3）将表 2-13 中的工件焊接在图 2-36 所示的印制电路板上（也可以是类似的印制电路板），焊接完成后检查焊接质量。

表 2-13 常用工件清单

名 称	型号规格	数 量
金属膜电阻器	RJ［0.25 W、（1±1%）kΩ］	1
金属膜电阻器	RJ［0.25 W、（100±1%）Ω］	1
金属膜电阻器	RJ［0.25 W、（10±1%）kΩ］	3
电解电容	CD11（16 V、100 μF）	1
独石电容	CT4（40 V、0.1 μF）	1
二极管	1N4148（DO-25）	13
三极管	9012（TO-92）	3
数码管	SM4205	1
集成电路	LM324（SO-14）	1
集成电路	74LS138（DIP-16）	1
单排针	2.54 mm（直）	1
接插件	IC16	1
杜邦线	10 cm	5

（4）焊接完成后应进行清洁处理。

操作成绩评定

利用给定的塑封电子元器件对学生进行塑封电子元器件焊接技能考核，并对考核过程中学生的操作能力进行评价，将结果填入表 2-14。

表 2-14 塑封电子元器件焊接的操作能力评价表

序 号	评价维度	评价情况		
		自我评价	小组评价	教师评价
1	塑封电子元器件工具的选用			
2	塑封电子元器件焊接的流程规范			
3	塑封电子元器件焊接的效果			

总结反思

塑封电子元器件的焊接应注意什么？

技能训练 2.8　敏感元器件焊接

扫一扫看敏感元器件焊接教学课件

训练目标

掌握敏感元器件的焊接方法。

训练内容

（1）敏感元器件的认知。
（2）敏感元器件的焊接训练。

训练工具、仪表、器材

（1）工具：电烙铁、剪刀（或电工刀）、尖嘴钳（或斜口钳）、剥线钳、热控剥皮器。
（2）器材：各类导线及附件。

训练指导

1. 敏感元器件的概念

敏感元器件是指能够灵敏地感受被测变量并做出响应的元器件，是传感器中能直接感受被测变量的部分。具体来说，它是一种能敏锐地感受某种物理、化学、生物信息，并将其转变为电信息的特种电子元器件，这种元器件通常是利用材料的某种敏感效应制成的。

对敏感元器件的基本要求：灵敏度、稳定性和可靠性高，互换性和生产重复性好，在某些情况下还要求有高响应速率。

敏感元器件的分类如下。

（1）敏感元器件按输入与输出关系可归纳为两类：一类是缓变型；另一类是突变型。

① 缓变型：这类敏感元器件的输出信号在一个较宽的范围内随输入信号的增大而逐渐增大或减小。

② 突变型：这类敏感元器件在输入信号的某个很窄的范围内有突变反应，在此范围外变化较小。

（2）敏感元器件按信号源不同，可以分为热敏元件、光敏元件、气敏元件、力敏元件、磁敏元件及湿敏元件等。敏感元器件的定义及特性如表 2-15 所示。

表 2-15　敏感元器件的定义及特性

类　型	定　义	典型型号	典型特征	应　用
热敏元件	利用物理性质随温度变化而发生变化的敏感材料制成的敏感元件	包括易熔合金或热敏绝缘材料、双金属片、热电偶、热敏电阻、半导体材料等	既有其电阻值随温度的线性变化而线性变化的特点，又有在某个特定温度下的浪涌特性	可以根据其电阻值随温度变化而线性变化的特性，将其用于各种设备或环境温度检测、显示和控制；也可以根据其在某个温度下的浪涌特性，将其用于电路或设备的保护和报警

续表

类　型	定　义	典型型号	典型特征	应　用
光敏元件	特征参数随外界光辐射的变化而明显改变的敏感元件	半导体光敏元件按光电效应的不同，可分为光导型和光生伏打型（见光电式传感器），光生伏打型包括光敏二极管和光敏三极管等	半导体光敏元件的主要参数有灵敏度、探测率、光照率，主要特性有光照特性、伏安特性、光谱特性、时间和频率响应特性、温度特性等，它们主要由材料、结构和工艺决定	半导体光敏元件广泛应用于精密测量、光通信、计算技术、摄像、夜视、遥感、制导、机器人、质量检查、安全报警及其他测量和控制装置
气敏元件	电参数随外界气体种类和浓度变化而变化的敏感元件	气敏元件的气敏效应机理尚处于探索阶段。一般认为，气体的吸附和解吸会导致半导体表面能带结构的畸变，使宏观电阻值发生变化	半导体气敏元件灵敏度高、结构简单、使用方便、价格低廉，自 20 世纪 60 年代问世以来发展迅速	气敏元件主要应用在防灾报警、防止公害、检测计量等方面
力敏元件	电参数随外界压力变化而变化的敏感元件	力敏元件种类繁多，如电阻式、电容式、压电式等，最常见的是金属应变计和半导体应变计	成本低、不需要电源，但体积大、笨重，输出为非电量，应变计的出现使这类传感器有了长足进步	主要应用于工业自动化控制系统、机电一体化、科学测试仪器等装备制造业，主要涉及过程控制用压力、流量两大参数的检测、控制和执行
磁敏元件	一种磁电转换元件	包括霍尔元件、磁阻元件、磁敏二极管、磁敏晶体管等	结构简单、体积小、易于集成化、耐冲击、频率响应范围宽，动态范围大，可以实现无接触检测，使用安全环保	在测量技术、自动控制和信息处理等方面具有广泛的应用
湿敏元件	电参数随环境湿度变化而变化的敏感元件	包括电解质湿敏元件、有机高分子膜湿敏元件、金属氧化物湿敏元件和陶瓷湿敏元件等	多数湿敏电阻的电阻值随湿度的增加而减小，这类湿敏电阻称为负特性湿敏电阻，也有少数湿敏电阻的电阻值随湿度的增加而增大	主要用于湿度测量和控制，根据测湿范围不同，可分为高湿型、低湿型、全湿型三类。它在气象、食品、纺织等行业和环境空调、仓库设施中有广泛的应用

2. 敏感元器件的焊接风险及处理

1）潮湿敏感元器件

由于在贮存、运输和安装等过程中，非密封塑封的潮湿敏感元器件（Moisture-Sensitive Device，MSD）会吸收空气中的潮气，在焊接时，温度升高会引起渗入 MSD 内部的潮气蒸发产生足够的压力，使封装塑料从芯片或引脚框上分层，造成芯片损伤，产生内部裂纹，在极端情况下，裂纹延伸到 MSD 表面，甚至造成 MSD 鼓胀和爆裂，俗称“爆米花”现象。

2）静电敏感元器件

由于静电敏感元器件（Static Sensitive Device，SSD）与电能接触或接近时会造成损伤，因此应做好以下防护。

（1）预处理过程中的静电防护。

① SSD 的预处理必须在具有“静电泄漏”的工艺设施环境中进行，加工设备、仪器、工作台面应接地良好，操作人员应正确佩戴腕带（腕带应直接套在手腕皮肤上）。

② 对 SSD 进行引脚成形操作时，成形设备的外壳应可靠地接到地线上。

③ 对 SSD 进行搪锡操作时，必须在锡锅可靠接地的前提下进行，应尽量避免使用超声波搪锡机搪锡。

④ 对 EPROM 进行擦、写及信息保护操作时，应将擦/写器可靠接地，正确拾取。

（2）在印制电路板上进行插装、焊接时的静电防护。

① SSD 在印制电路板上的插装、焊接均应在防静电工作区内进行。

② 所用工艺装备均应直接接入地线，并采用有效的离子风机，以净化环境。

③ 在插装过程中，SSD 应存放在导电或静电盒内，尽量避免放在防静电桌面上；往印制电路板上插装 SSD 时，应尽可能使用印制电路板边缘连接器（短路插头），将印制电路板的接线端短路在一起。

④ 手握印制电路板组件时，应持其边缘端；在插装 SSD 时，应持其外壳，避免直接接触引脚；在工作台上作业时，应注意防止 SSD 与台面发生相对运动。

3）温度敏感元器件

由于温度敏感元器件在再流焊、波峰焊和手工焊接过程中，易因过热而导致损坏或性能恶化，因此应控制好以下三个方面。

（1）温度。在使用电烙铁焊接的过程中，温度敏感元器件的温度不得超过标注在“温度敏感标签”上的规定值。

（2）焊接时间。由于温度敏感元器件一般对焊接时间有特定要求，焊接时必须严格按作业指导书（或工艺文件）和“温度敏感标签”上注明的时间操作。

（3）焊接方法。若要将元器件从印制电路板上取下，推荐使用局部恒温加热的方法，且最大温度不要超出温度敏感元器件所能承受的温度，以便将对温度敏感元器件的损伤降到最低。

3. 敏感元器件焊接方法

大多数敏感元器件对焊接方法均有不同的要求，在对专用温度敏感元器件进行手工焊接时，最好采用热分流夹进行限热，要尽量避免电烙铁触碰到元器件本体。若操作时不慎超出作业指导书的要求，如温度过高、焊接时间过长、电烙铁触碰到元器件本体等，则应及时检查元器件是否损坏。

在操作时应注意以下几个方面。

（1）清洁烙铁头。焊接前利用湿润的清洁海绵或者金属丝清洁烙铁头。

（2）选择合适烙铁头。

（3）在焊接过程中送焊锡丝时，应先使其接触烙铁头与工件的夹角两侧，让焊锡丝先熔化，形成热桥，使工件与烙铁头充分接触，传输焊接所需要的热量。

（4）移动焊锡丝，借助熔融焊锡的流淌性，让焊锡充分润湿焊接部位，并保证足够的锡量。

（5）先撤离焊锡丝，再移开烙铁头。

敏感元器件的焊接如图 2-38 所示。

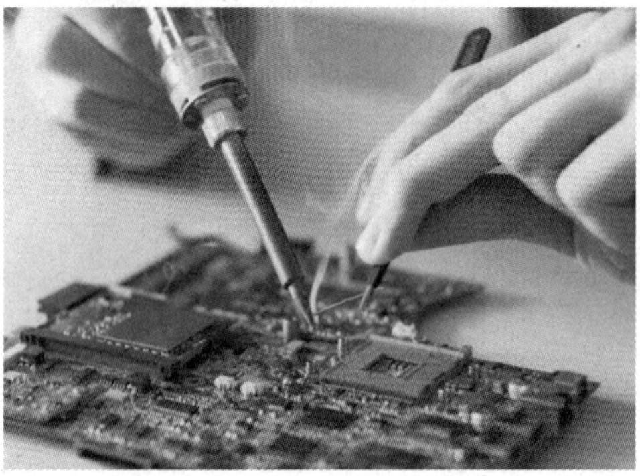

图 2-38　敏感元器件的焊接

操作成绩评定

利用给定的敏感元器件及印制电路板对学生进行敏感元器件焊接技能考核，并对考核过程中学生的焊接技能进行评价，将结果填入表 2-16。

表 2-16　敏感元器件的焊接技能评价表

序　号	评 价 维 度	评 价 情 况		
		自 我 评 价	小 组 评 价	教 师 评 价
1	能根据敏感元器件的要求，选择合适的焊料、工具			
2	能做好静电防护			
3	能选用合适的工具对敏感元器件进行焊接			

总结反思

敏感元器件焊接时有哪些注意事项？

技能训练 2.9　焊点质量检查

扫一扫看焊点质量的检查教学课件

训练目标

掌握焊点质量的检查方法。

训练内容

焊点质量检查。

训练工具、仪表、器材

（1）仪表：万用表。

（2）器材：电子元器件。

训练指导

1. 焊点质量要求

焊点的质量要求：电气性能良好、机械强度高和清洁美观，焊料不能过多或过少，无搭焊、拉刺等现象，其中最关键的一点是避免虚焊、假焊。假焊会使电路完全不通；虚焊易使焊点成为有接触电阻的连接状态，从而使电路在工作时噪声增加，产生不稳定状态。有些虚焊点在电路开始工作的一段较长时间内，保持接触良好，电路工作正常，但在温度、湿度和振动等环境条件下工作一段时间后，接触表面会逐步被氧化，接触电阻渐渐变大，最后导致电路工作不正常。当对这种故障进行检查时，往往需要花费较多时间，降低工作效率。因此在进行手工焊接时，一定要了解清楚焊点的质量要求。

（1）电气性能良好。

高质量的焊点应使焊料和金属工件表面形成牢固的合金层，这样才能保证良好的导电性能。简单地将焊料堆附在金属工件表面形成虚焊是焊接工作中的大忌。

（2）机械强度高。

焊点的作用是连接两个或两个以上的元器件，并使其电气接触良好。电子设备有时要工作在振动环境中，为使焊件不松动、不脱落，焊点必须具有一定的机械强度。焊锡中锡和铅的强度都比较低，有时在焊接较大和较重的元器件时，为了增加强度，可根据需要增加焊接面积，或将元器件引线、导线先行网绕、绞合、钩接在焊点上再进行焊接。

（3）焊点上的焊料要适量。

焊点上的焊料过少不仅会降低机械强度，还会因表面氧化层逐渐加深导致焊点早期失效；焊点上的焊料过多既增加了成本，又容易造成焊点桥连（短路），还会掩盖焊接缺陷，所以焊点上的焊料要适量。对印制电路板进行焊接时，焊料布满焊盘呈裙状展开时最为适宜。

（4）焊点表面应光亮且色泽均匀。

良好的焊点表面应光亮且色泽均匀，这主要是因为助焊剂中未完全挥发的树脂成分形成的薄膜覆盖在焊点表面，能防止焊点表面氧化。若使用了消光剂，则对焊点的光泽不做要求。

（5）焊点表面不应有毛刺、空隙。

焊点表面存在毛刺、空隙不仅不美观，还会给电子产品安全带来危害，尤其是在高压电路部分，会产生尖端放电而损坏电子产品。

（6）焊点表面必须清洁。

焊点表面的污垢如果不及时清除，那么酸性物质会腐蚀元器件引线、焊点及印制电路板，吸潮会造成漏电，甚至短路、燃烧。

以上是对焊点的质量要求，可用其作为检验焊点质量的标准。焊料、助焊剂、焊接工具、焊接工艺、焊点的清洗都与焊点质量的好坏有着直接关系。

2. 焊点质量检查方法

焊接结束后，还要对焊点质量进行检查，确认其是否达到焊接要求，如果不进行检查，那么势必会存在许多隐患，因此对焊点质量的检查十分重要。具体检查可从外观和电路工作两方面入手。

（1）外观检查。

外观检查主要通过目测进行，有时需用手检查，看有无松动、焊接不牢的现象；有时还需要借助放大镜，仔细观察焊点是否存在下列现象，若有，则需进行修复。

① 搭焊：搭焊是指相邻两个或几个焊点的焊料连接在一起的现象，如图 2-39（a）所示。明显的搭焊较易被发现，但细小的搭焊用目测较难发现，只有通过电气性能的检测才能暴露出来。造成搭焊的原因：焊料过多或者焊接温度过高。危害：焊接后的元器件不能正常工作，甚至烧坏元器件，严重的会危及产品安全和人身安全。

② 焊锡过多：焊锡堆积过多，焊点的外形轮廓不清，如同丸子状，根本看不出导线的形状，如图 2-39（b）所示。造成焊锡过多的原因：元器件引线不能被润湿及焊接的温度不合适。危害：容易短路，可能掩盖焊点缺陷，造成元器件间高压打火。

③ 毛刺：焊料形成一个或多个毛刺，如同钟乳石形，如图 2-39（c）所示。若毛刺超过了允许的引出长度，将造成绝缘距离变小，尤其是对高压电路，可能造成打火。造成毛刺的原因：焊料过多、焊接时间过长使焊料黏性增加，当烙铁头离开焊点时就容易产生毛刺现象。危害：容易形成搭焊、元器件间高压打火。

④ 松香助焊剂过多：焊缝中夹有松香助焊剂，焊点表面呈豆腐渣形状，如图 2-39（d）所示。造成松香助焊剂过多的原因：焊盘氧化、脏污、预处理不良等，在焊接时加入的松香助焊剂太多。危害：强度不够，导电不良，外观不佳。

⑤ 浮焊：浮焊是指焊点未能将两工件完全焊接成功，焊点没有正常焊点的光泽和圆滑，而是呈现白色细粒状，表面凸凹不平，如图 2-39（e）所示。造成浮焊的原因：焊盘氧化、脏污、预处理不良等，焊料不足，焊接时间太短，以及焊料中金屑杂质过多。危害：导电性能不良、机械强度低，一旦受到振动或敲击，焊料便会自动脱落。

⑥ 虚焊：虚焊是指焊接时，焊点内部没有使两工件形成真正的合金，有的引线还可以上下移动，如图 2-39（f）所示。造成虚焊的原因：焊盘、元器件引线氧化，焊接过程中热量不足，引线的润湿不良，焊料太少。危害：这种焊点虽然能在短时间内维持导通，但随着时间的推移，会变为不导通，造成电路故障。

⑦ 空洞与气泡：引线的根部有喷火状的隆起，外部或内部有空洞，如图 2-39（g）和图 2-39（h）所示。造成空洞与气泡的原因：焊盘、元器件引线的氧化层处理不彻底；焊盘的穿线孔太大，而元器件引脚太小；焊接过程中温度不足或焊料太少。危害：导电不良、机械强度低，长时间使用容易脱焊。

⑧ 铜箔翘起：铜箔从印制电路板上翘起，甚至脱落，如图 2-39（i）所示。造成铜箔翘起的原因：焊接温度过高，焊接时间过长，也可能是由反复拆除和焊接引起的。

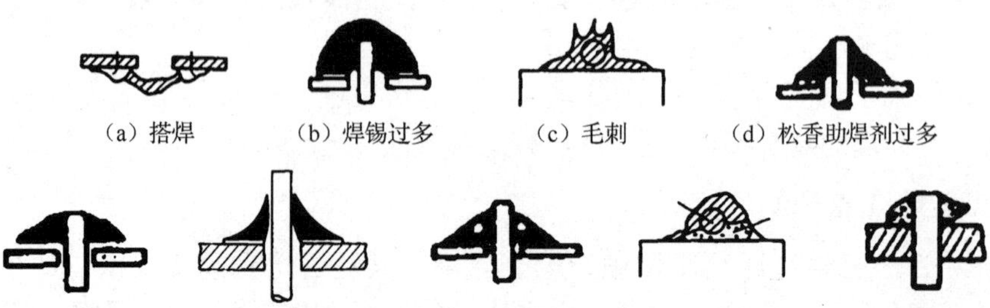

（a）搭焊　（b）焊锡过多　（c）毛刺　（d）松香助焊剂过多

（e）浮焊　（f）虚焊　（g）空洞　（h）气泡　（i）铜箔翘起

图 2-39　不合格焊点类型

（2）用万用表电阻挡检查。

在目测检查的过程中，有时一些焊点之间的搭焊、虚焊不能一眼检查出，需借助万用表的电阻挡来进行判断。对于搭焊，测量不相连的两个焊点间的电阻值，查看是否短路；对于虚焊，测量引脚与焊盘之间的电阻值，查看是否开路，或元器件相连的两个焊点是否与相应的电阻值相符（焊点之间可能接了电阻、半导体或其他元器件，其本身之间有电阻值，需仔细判断）。

（3）加电检查。

对于一些要求比较高的电路或焊接面狭小、元器件体积小等情况，不仅需要目测检查，还需要加电检查。但在加电前必须进行外观检查且确保连线无误，否则可能引起新的故障，有时甚至会损坏设备仪器，造成安全事故。加电检查主要通过测量电压、电流等方式进行，也可通过仪器、仪表进行。

3. 焊点质量检查训练

（1）焊点的外观检查。

在前面的技能训练中已完成了图 2-17 所示的印制电路板（也可以是类似的印制电路板）上 200 个点的焊接，根据焊点质量要求进行外观检查。

（2）万用表电阻挡检查。

在前面的技能训练中已完成了图 2-17 所示的印制电路板（也可以是类似的印制电路板）上 200 个点的焊接，根据焊点质量要求，对于可能存在的搭焊、虚焊等问题的焊点通过万用表的电阻挡进行检查。

（3）焊点的加电检查。

在前面的技能训练中已完成了图 2-17 所示的印制电路板中元器件的焊接，认真检查每一个焊点。通过加电检查，测量相关测试点的电压、电流等参数，分析可能存在问题的焊点。

操作成绩评定

利用焊好的印制电路板对学生进行焊点质量检查技能考核，并对考核过程中学生的操作能力进行评价，将结果填入表 2-17。

表 2-17　焊点质量检查的操作能力评价表

序　号	评价维度	评价情况		
		自我评价	小组评价	教师评价
1	搭焊的识别与检查			
2	焊锡过多的识别与检查			
3	毛刺的识别与检查			
4	松香助焊剂过多的识别与检查			
5	浮焊的识别与检查			
6	虚焊的识别与检查			

续表

序　号	评价维度	评价情况		
		自我评价	小组评价	教师评价
7	空洞与气泡的识别与检查			
8	铜箔翘起的识别与检查			

总结反思

（1）焊点质量缺陷类型有哪几种？

（2）如何避免焊点质量不合格？

项目3 贴片元器件焊接

技能训练 3.1 贴片元器件拆焊

扫一扫看贴片元器件的拆焊教学课件

训练目标

（1）掌握拆焊的要求、步骤。
（2）掌握贴片元器件的拆焊方法。

训练内容

贴片元器件拆焊训练。

训练工具、仪表、器材

（1）焊接工具：热风枪。
（2）助焊工具：起、刀、叉、锥、钩、刷。
（3）拆焊工具：电烙铁、吸锡器、空心针等。
（4）焊锡与助焊剂。

训练指导

1. 贴片元器件的拆焊

拆焊是指在电子产品的生产过程中，因为装错、损坏、调试或维修而拆换元器件，将原本焊上的元器件拆下来的过程，有时也叫解焊。其操作难度大，技术要求高，所以只有在实际操作中反复练习，掌握操作要领，才能做到不损坏元器件、不损坏印制电路板焊盘。

（1）拆焊的基本要求。

① 不损坏元器件、导线和结构件，特别是焊盘与印制导线。

② 对已损坏的元器件，可先将其引脚剪断再拆除，这样可减少其他元器件的损坏。

③ 在拆焊过程中，应尽量避免拆卸其他元器件或变动其他元器件的位置，若确实需要，则应做好复原工作。

（2）拆焊工具。

① 电烙铁。

② 镊子。

③ 基板工具：可用来切、划、钩、拧和通孔，借助电烙铁恢复焊孔。

④ 吸锡器、吸锡带：用于吸取焊点或焊孔中的焊锡。

2. 贴片元器件拆焊的步骤

对贴片元器件实施拆焊，应按照下列步骤进行。

（1）选用合适的电烙铁。

选用的电烙铁应比相应的焊接电烙铁功率略大，这是因为拆焊所需要的加热时间和温度稍高，因此要严格控制温度和加热时间，以免将元器件烫坏或使焊盘翘起、断裂，宜采取间隔加热法进行拆焊。

（2）加热拆焊点。

将电烙铁平稳地靠近拆焊点，保证各部分均匀加热，如图 3-1（a）所示。

（3）吸去焊锡。

待焊锡熔化后，用吸锡器吸去焊锡，如图 3-1（b）所示。要注意的是，即使还有少量焊锡连接，在拆卸时也易损坏元器件。

（4）拆下元器件。

一般来说，可直接用镊子将元器件拔下，如图 3-1（c）所示。要注意的是，在高温状态下，元器件的封装强度会下降，尤其是塑封器件、陶瓷器件、玻璃端子等，若用力拉、摇、扭，则会损坏元器件和焊盘。

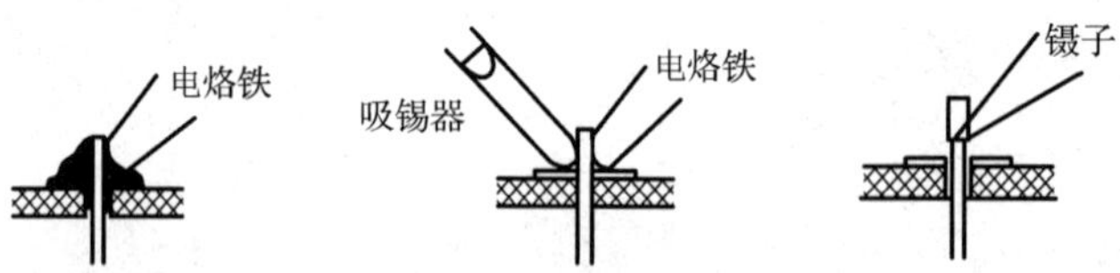

图 3-1　拆焊示意图

上述过程并非一成不变的，在没有吸锡器的情况下，可将印制电路板或可移动的部件倒过来，用电烙铁加热至焊锡熔化后，在不移开电烙铁的条件下，用镊子或其他工具将元器件拆下。

3. 贴片元器件拆焊训练

（1）准备 25W 双头电烙铁、带放大镜的台灯、镊子、吸锡器、吸锡带、起拔器等工具，有机溶剂，带多种贴片元器件的印制电路板（也可以是类似的印制电路板），如图 3-2 所示。

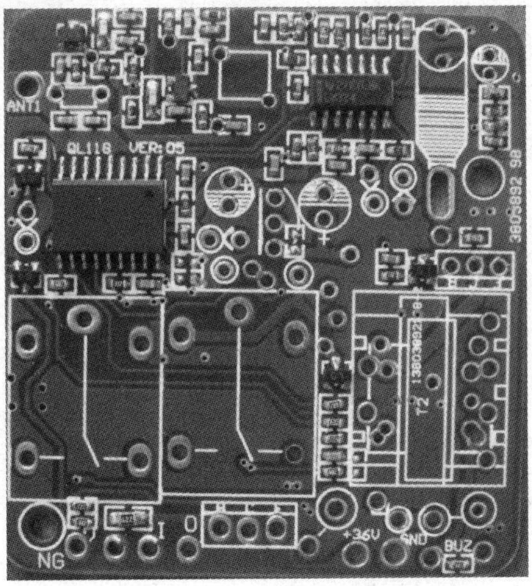

图 3-2　带贴片元器件的印制电路板

（2）分点拆焊法：对有两个焊点的电阻、电容等元器件，用双头电烙铁将两个焊点夹住同时加热。待焊锡熔化后，将元器件取下。

（3）集中拆焊法：对焊点之间距离较小的集成电路，在集成电路引脚上涂上助焊剂，用热风枪同时加热，待 3～5s 焊锡熔化后，用起拔器拔出集成电路。

（4）对已取下元器件的焊点，用吸锡带吸去焊锡，用有机溶剂清洗焊点。

（5）反复练习。

注意事项：

① 加热时间既不能太长也不能太短，以免损坏印制电路板。

② 用热风枪加热时，需根据集成电路的大小，选用不同的风头。若用热风笔，则要沿引脚做圆周运动，待助焊剂冒烟后，说明焊锡已充分熔化，停止加热，取下集成电路。

操作成绩评定

利用给定的印制电路板对学生进行贴片元器件拆焊技能考核，并对考核过程中学生的操作能力进行评价，将结果填入表 3-1。

表 3-1　贴片元器件的拆焊操作能力评价表

序　号	评价维度	评价情况		
		自我评价	小组评价	教师评价
1	能根据贴片元器件拆焊的要求，选择合适的焊料、工具			
2	片式电容、电阻、电感等的拆焊效果			
3	二极管、三极管、集成电路的拆焊效果			
4	LED 与其他器件的拆焊效果			
5	拆焊后焊盘的整体清洁度与美观度			
6	拆卸元器件的损耗程度			

总结反思

（1）能不能用热风枪拆除贴片元器件？

（2）拆除多引脚元器件时，一般采用什么方法？

技能训练 3.2　普通贴片元器件焊接

扫一扫看普通贴片元器件的焊接教学课件

训练目标

（1）了解贴片元器件在稳定性和可靠性方面的优势。

（2）了解贴片元器件焊接前需要做的准备工作。

（3）掌握普通贴片元器件的焊接方法。

训练内容

（1）对贴片元器件的认知。

（2）普通贴片元器件的焊接训练。

训练工具、仪表、器材

（1）工具：电烙铁、剪刀（或电工刀）、尖嘴钳（或斜口钳）、剥线钳、热控剥皮器。

（2）器材：各类导线及附件。

训练指导

1. 普通贴片元器件的焊接

普通贴片元器件的焊接可以用普通防静电电烙铁进行操作。贴片元器件的体积小、质量轻，比插件元器件更容易焊接。贴片元器件有一个很重要的优势，就是提高了电路的稳定性和可靠性。因为贴片元器件没有引线，减少了杂散电场和磁场，这在高频模拟电路和高速数字电路中的优势尤为明显。

（1）焊接前的准备。

① 去氧化层与上锡：由于贴片元器件的体积很小且容易损坏，所以焊接前的去氧化层和上锡处理比普通元器件更加严格、更加仔细。

② 核对型号与引脚：因为贴片元器件的标注一般都不清楚，所以在焊接前需仔细检查核对，以免焊错。

（2）贴片元器件的焊接。

贴片元器件的焊接与普通元器件焊接的五步焊接法不同，一般采用带锡焊接法。

① 准备施焊：使烙铁头沾上焊锡（俗称吃锡），如图 3-3（a）所示。

② 加热焊件：将元器件用小镊子夹住置于焊点处加热。注意要保证电烙铁加热焊点各部分时，烙铁头的侧面或边缘部分接触元器件的引脚，以保证均匀受热，如图 3-3（b）所示。

③ 熔化焊锡：继续加热到能熔化焊件原来附着的焊锡后，焊锡开始熔化并润湿焊点，熔化的焊锡要适量，如图 3-3（c）所示。

④ 交替焊接：对于两个或两个以上的焊点，应交替焊接。焊接时镊子不可用力挤压，应让焊点自然沉降，如果焊得高低不平，那么可用镊子扶正，重新焊接。

⑤ 移开电烙铁：当焊锡完全润湿焊点后移开电烙铁，注意移开电烙铁的方向应该是大致 45° 的方向，如图 3-3（d）所示。

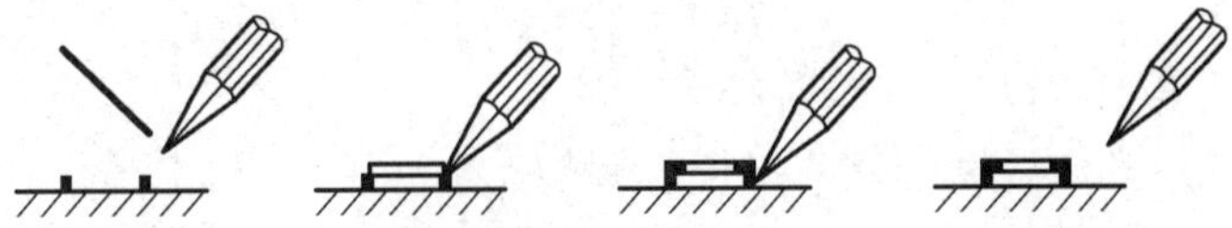

（a）沾上焊锡　（b）均匀加热　（c）熔化焊锡　（d）移开电烙铁

图 3-3　贴片元器件焊接

2. 普通贴片元器件焊接训练

（1）使用工具。

① 35 W 调温电烙铁、带放大镜的台灯、镊子、吸锡器和基板工具等。

② ϕ0.5 mm 焊锡丝、焊胶、松香助焊剂等。

③ 贴片焊装印制电路板 1 块，如图 3-4 所示。片式电阻、电容、电感、二极管、三极管和集成电路若干。

图 3-4　贴片焊装印制电路板

（2）焊接步骤。

① 涂助焊剂。先加热焊盘，涂一层助焊剂，或上一层薄而平的焊锡。

② 贴片。用焊胶将需焊接的元器件固定在焊盘上，引脚少的电阻、电容之类的元器件可用镊子固定进行焊接，四边扁平封装的细间距集成电路可用真空吸笔等手工贴片装置固定焊接。

③ 手工焊接。左手拿镊子固定元器件，右手拿电烙铁加热，烙铁头上带有焊锡，接触

焊盘与元器件引脚，焊接后横向移开电烙铁。对于四边扁平封装的细间距集成电路的焊接，可采用“拖焊”技术，即用黏合剂固定集成电路，注意要在带放大镜的台灯下仔细检查各引脚是否对准了焊盘，然后边加焊锡边拖动电烙铁，进行整体焊接。焊接完成后要仔细检查，若焊点有虚焊的情况，则需补焊；若焊点有搭焊的情况，则要仔细分开。

注意事项：

① 电烙铁的温度一般以 350 ℃为宜。

② 助焊剂需选用高浓度助焊剂，以便焊锡能完全润湿焊点。

③ 每次焊接都需在带放大镜的台灯下检查。

④ 对集成电路进行焊接时，要防止静电损坏元器件。

操作成绩评定

利用给定的印制电路板及元器件对学生进行普通贴片元器件焊接技能考核，并对考核过程中学生的操作能力进行评价，将结果填入表 3-2。

表 3-2　普通贴片元器件焊接操作能力评价表

序　号	评价维度	评价情况		
		自我评价	小组评价	教师评价
1	能根据贴片元器件的要求，选择合适的焊料、工具			
2	去氧化层与上锡处理			
3	元器件引脚识别与摆放			
4	片式电容、电阻、电感的焊接效果			
5	二极管、三极管、集成电路的焊接效果			
6	LED 与其他器件的焊接效果			
7	焊盘的整体清洁度与美观度			

总结反思

（1）清洁和固定印制电路板。在焊接前应对印制电路板进行检查，确保其干净。对其表面的油性手印及氧化物进行清理，确保不影响上锡。手工焊接印制电路板时，如果条件允许，那么可以用焊台固定好，从而方便焊接，一般情况下用手固定即可。值得注意的是，避免________接触印制电路板上的焊盘，以免影响上锡。

（2）固定贴片元器件。根据贴片元器件的引脚数量，其固定方法可分为两种：单脚固定法与对脚固定法。对于引脚数目少（一般为 2～5 个）的贴片元器件（如电阻、电容、二极管、三极管等），一般采用________固定法，即先对印制电路板上的其中一个焊盘上锡，然后左手拿镊子夹持元器件放到安装位置，并轻抵住印制电路板，右手拿电烙铁靠近已上锡的焊盘，熔化焊锡将元器件引脚固定。焊好一个焊盘后元器件就不会移动了。而对于引脚多且多面分布的贴片芯片，单脚难以固定好，这时一般可采用对脚固定的方法。需要注意的是，引脚多且密集的芯片，引脚精准地对齐焊盘尤为重要，应仔细检查核对。

（3）清除多余焊锡。焊锡过多易造成引脚短路，要用________将多余的焊锡吸掉。

（4）清洗焊接的地方。由于使用松香助焊剂和吸锡带吸锡的缘故，印制电路板上元器件引脚的周围残留了一些松香助焊剂，有必要对这些残留物进行清理。常用的清理方法是采用________清洗。

技能训练3.3　敏感贴片元器件焊接

扫一扫看敏感贴片元器件的焊接教学课件

训练目标

（1）掌握焊料、焊接工具，以及防静电设备的特征和操作要领。
（2）掌握手工拆焊敏感贴片元器件的要领、步骤。
（3）掌握焊盘清理作业要领。
（4）掌握焊接敏感贴片元器件的要领、注意事项。

训练内容

敏感贴片元器件焊接训练。

训练工具、仪表、器材

（1）工具：电烙铁、剪刀（或电工刀）、尖嘴钳（或斜口钳）、剥线钳、热控剥皮器。
（2）器材：各类导线及附件。

训练指导

1. 焊接敏感贴片元器件的基本方法

（1）准备施焊：左手拿焊锡丝，右手握电烙铁，进入备焊状态。要求烙铁头保持干净，无焊渣等氧化物，并在表面镀一层焊锡。

（2）加热焊件：烙铁头靠在两焊件的连接处，加热整个焊件，时间为1～2 s。在印制电路板上焊接元器件时要注意使烙铁头同时接触焊盘和元器件的引脚。

（3）送入焊锡丝：当焊件的焊接面被加热到一定温度时，使焊锡丝从电烙铁对面接触焊件。注意：不要把焊锡丝送到烙铁头上。

（4）移开焊锡丝：当焊锡丝熔化一定量后，立即朝左上方45°方向移开焊锡丝。

（5）移开电烙铁：焊锡浸润焊盘和焊件的施焊部位以后，朝右上方45°方向移开电烙铁，结束焊接。

2. 焊接敏感贴片元器件的操作要领

（1）做好焊件表面的清洁处理。

（2）焊接前确认电烙铁是否为允许使用的状态温度，只有选择恰当的烙铁头和焊点的接触位置，才可能得到良好的焊点。

（3）严格控制烙铁头的温度、焊接时间。

（4）不要使烙铁头触碰到敏感贴片元器件的传感部位，不要用过量的助焊剂。

3. 敏感贴片元器件返修的基本流程

敏感贴片元器件返修的基本流程如图 3-5 所示。

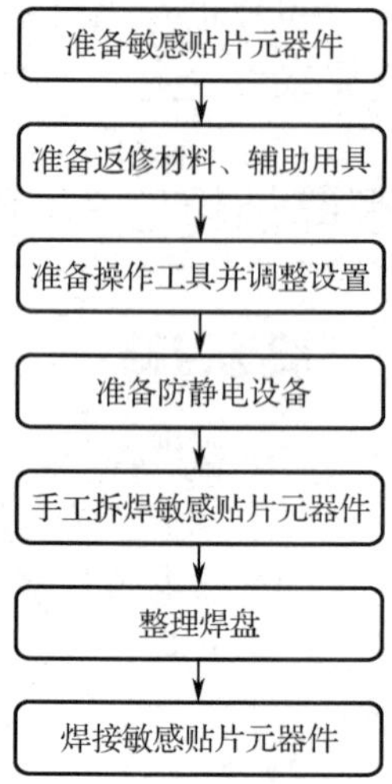

图 3-5　敏感贴片元器件返修的基本流程

1）准备敏感贴片元器件

敏感贴片元器件返修需要对敏感贴片元器件的性能重新确认。

（1）潮湿敏感元器件在返修更换时应注意以下三点。

① 确认替换的元器件是否受潮。打开防潮袋（Moisture Barrier Bag，MBB），检查 MBB 中所有元器件是否受潮，没有用完的潮湿敏感元器件应再次封入 MBB 或存入干燥橱。

② 若要使从印制电路板上取下的潮湿敏感元器件能再次使用，则拆焊温度不要超出 200 ℃，以确保将对潮湿敏感元器件的损伤降到最低；若焊接温度超过 200 ℃，则应在焊接前进行烘烤干燥。

③ 替换的元器件寿命应在规定的车间寿命内。

（2）静电敏感元器件在返修更换时，要做好静电防护。

相关操作请参考技能训练 2.8。

2）准备返修材料、辅助用具

敏感贴片元器件返修需要准备常用返修材料、辅助用具，如表 3-3 所示。返修中使用的材料一般采用焊接时所使用的材料，如果原材料已用完，应使用性能相近或相同的材料，以确保焊接质量与原来相同或相近。

表 3-3　常用返修材料、辅助用具

材　料	实 物 图
清洁剂	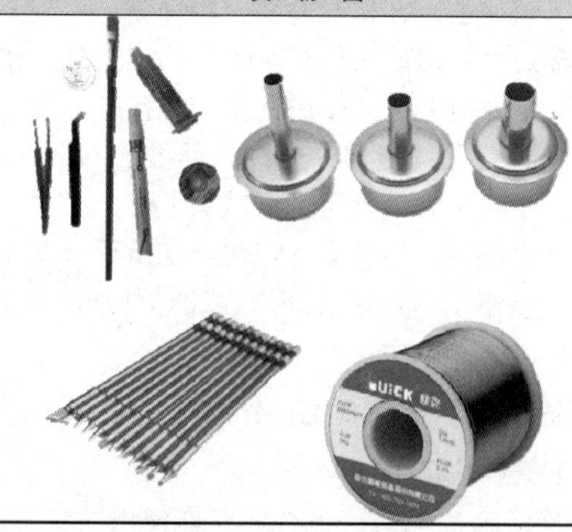
助焊剂	
电烙铁、风嘴、吸嘴	
刷子	
防静电镊子	
护脸装置	
含助焊剂的焊锡丝	
耐热并防静电的手套	
酒精	
吸锡带	

3）准备操作工具并调整设置

（1）准备热风枪。根据需要返修的敏感贴片元器件进行以下调整。

① 选择合适的风嘴。

② 设定某一温度值。

③ 重新校准热风枪温度。

（2）准备吸锡器。一般多引脚的插装件需要使用吸锡器进行返修，因此吸锡器是返修操作中离不开的一种基本返修工具，应进行以下调整。

① 选择合适的吸嘴。

② 设定某一温度值。

③ 工作中时常清理吸嘴。

（3）预热平台温度校准：对于一些散热较大的元器件或者多层板、金属板的拆焊，需要配备预热平台，底部加热后可以更合理地设置加热方式和温度，保证返修过程的有效、可靠、快速。

4）准备防静电设备

（1）仪器、设备、工具接地良好。要求防静电工作台、工椅、仪器与电动工具都良好地接地，接地电阻值小于 1 Ω；设备接地点与公共接地点间的电阻值小于 1 Ω；烙铁头接地电阻值小于 2 Ω。

（2）接地连接规范。防静电地线应采用铜条或黄绿色多股铜线。防静电地线与防静电地极之间的电阻值小于 4 Ω。防静电地线间的连接可采用螺钉拧紧方式，焊接和对接地点绕紧后采用电工胶带绑紧的固定连接方式。现场仅防静电手腕带、移动设备与接地线间的连接可采用鳄鱼夹接地。各工具、设备防静电接地点接入防静电地线采用并联方式，禁止采用串联方式，以保证各个工具采用独立防静电接地线接地，使接地可靠。

（3）工作人员进入防静电区域时，必须整齐穿着防静电工衣，防静电工鞋（穿棉质袜子）或鞋套，戴防静电工帽。防静电区域入口应配置人体综合测试仪，进入防静电区域的员工必须进行测量、记录，通过后方可进入。

（4）返修人员在坐着操作静电敏感元器件时，必须佩戴防静电手环，佩戴时必须贴紧皮肤，不得松脱；双脚必须着地，不得出现双脚放在架子上等现象。

（5）接触静电敏感元器件与组件时应佩戴防静电手套或指套，各工序具体操作应按工艺作业指导文件的规定实施。

5）手工拆焊敏感贴片元器件

（1）涂覆助焊剂：在敏感贴片元器件焊接端涂覆助焊剂，如图 3-6 所示。

图 3-6　涂覆助焊剂

（2）预热平台加热待返修印制电路板。

① 将电源插头插入电源插座中。

② 打开电源开关，预热平台开始升温。

③ 若要改变设定温度，则可调整面板上的按键。

④ 数分钟之后，温度达到设定值并稳定在设定值上。

⑤ 将待返修印制电路板放到预热平台上预热，如图 3-7 所示。

图 3-7　将待返修印制电路板放到预热平台上预热

（3）用热风枪拆焊。

① 选择合适的温度与风速。

② 将热风枪喷嘴对准敏感贴片元器件均匀加热，熔化焊锡。

③ 待所有焊点熔化后，用防静电镊子取下敏感元器件，如图 3-8 所示。

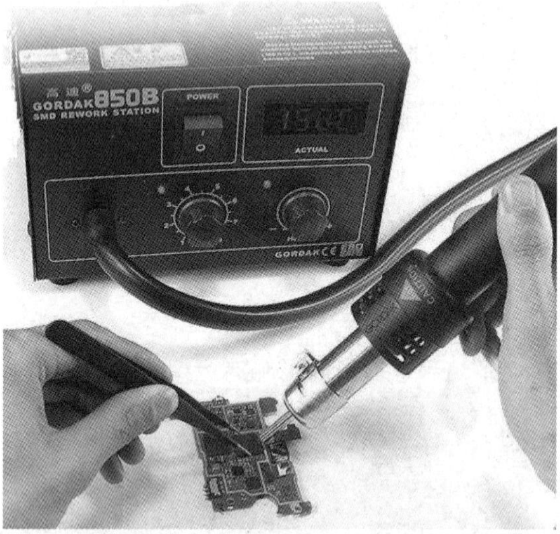

图 3-8　热风枪拆焊

6）整理焊盘

（1）如图 3-9 所示，将吸锡器套在焊点上，熔化焊点上的焊锡。

（2）吸除焊锡。待焊盘焊锡已全部被熔化后，按下吸锡器红色开关，即可吸入焊锡。

（3）清理干净通孔残留的焊锡。

（4）清理完残留的焊锡后，冷却焊点，以防止焊锡再度被熔化。

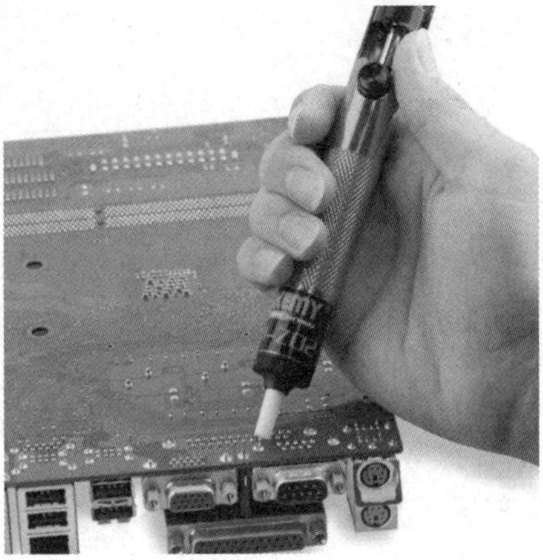

图 3-9　吸锡器操作示意图

7）焊接敏感贴片元器件

相关操作请参考技能训练 2.8。

操作成绩评定

利用给定的印制电路板和敏感贴片元器件对学生进行敏感贴片元器件焊接技能考核，并对考核过程中学生的操作能力进行评价，将结果填入表 3-4。

表 3-4　敏感贴片元器件焊接操作能力评价表

序　号	评价维度	评价情况		
		自我评价	小组评价	教师评价
1	能根据敏感贴片元器件的要求，选择合适的焊料、工具			
2	能做好静电防护			
3	能选用合适的工具进行拆焊			
4	能选用合适的工具进行焊盘整理			
5	能选用合适的工具进行敏感贴片元器件焊接			

总结反思

焊接敏感贴片元器件的注意事项有哪些？

技能训练 3.4　BGA 封装芯片拆焊

扫一扫看 BGA 封装芯片的拆焊教学课件

训练目标

（1）掌握 BGA（Ball Grid Array，球阵列封装）返修设备的作用。

（2）掌握夹装印制电路板的步骤。

（3）掌握 BGA 返修设备的主要工艺参数，熟悉参数设置步骤。

（4）掌握 BGA 封装芯片拆焊的基本要求、步骤。

（5）了解 BGA 封装芯片的拆焊方法。

训练内容

BGA 封装芯片拆焊训练。

训练工具、仪表、器材

器材：BGA 返修设备 QUICK EA-H15。

训练指导

1. BGA 封装芯片的概念与拆焊原则

随着电子器件制造技术的发展，电子器件的体积越来越小，BGA 封装芯片应运而生。采用技术封装的器件通常称为 BGA 封装芯片。它在 IC 基板的底部制作阵列，将锡球作为电路的引脚与印制电路板焊盘互接。BGA 对焊接技术提出了更高的要求，尽管在生产过程中采用了更先进的焊接设备，但仍然不可避免地存在焊接缺陷，因此，BGA 封装芯片的返修拆焊就成了焊接人员一种必不可少的技能。

2. BGA 封装芯片拆焊要求与步骤

1）拆焊的基本要求

BGA 封装芯片拆焊的基本要求与贴片元器件拆焊的基本要求相同。

2）拆焊的步骤

右手以持笔式拿电烙铁，使其与水平位置的印制电路板呈 35° 左右夹角。左手以拳握式拿吸锡器，拇指操控吸锡器开关，使吸锡器呈近乎垂直状态向左倾斜约 5° 为宜，方便操作。首先调整好电烙铁温度，以 2 s 内能顺利熔化焊点处的焊锡为宜。将烙铁头尖端置于焊点上，使焊点熔化，移开电烙铁的同时，将吸锡器放在焊盘上，按动吸锡开关，吸取焊锡。

3. BGA 封装芯片拆焊训练

1）认识 BGA 返修设备

常用的 BGA 返修设备 QUICK EA-H15 外观如图 3-10 所示，其主要构成包括上加热器、底部加热器、印制电路板装夹支架、RPC（ Remote Procedure Call，远程过程调用）监控系统、光学棱镜对位系统和冷却系统。

2）夹装印制电路板

根据返修的印制电路板外形选择合适的固定方式，当返修的印制电路板为规则的方形，周边无多余接口且印制电路板宽度小于或等于 10 cm 时，可采用导轨支架直接固定，如图 3-11 所示。若印制电路板较大且形状不规整，无法使用导轨支架固定，则可使用异形支撑杆配合防塌陷支架进行固定，如图 3-12 所示。

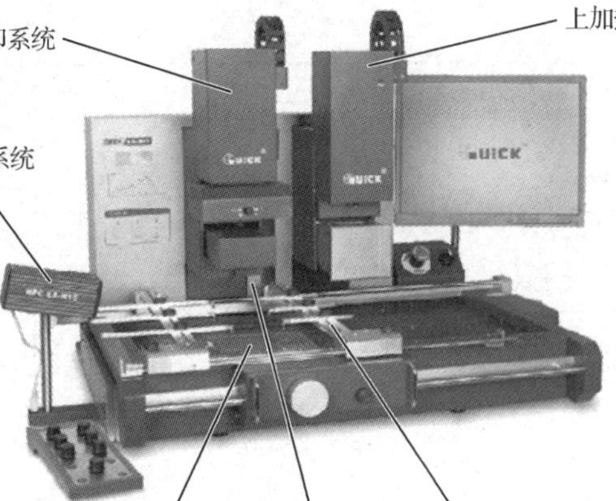

图 3-10 常用的 BGA 返修设备 QUICK EA-H15 外观

图 3-11 导轨支架固定印制电路板

图 3-12 使用异形支撑杆配合防塌陷支架固定印制电路板

3）BGA 返修设备启动与参数设置

（1）设备的启动：启动设备之前，请务必确认设备各运动模组无阻挡，QUICK EA-H15 的启动步骤如表 3-5 所示。

表 3-5 QUICK EA-H15 的启动步骤

启 动 步 骤	图 例
1．打开电控箱总电源并解除急停状态	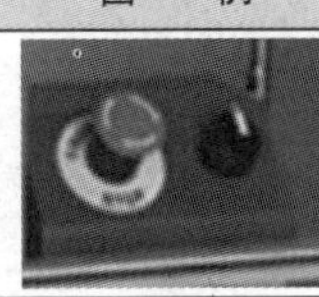

续表

启动步骤	图　例
2．打开计算机	
3．在桌面双击图标打开返修软件	
4．进入操作页面	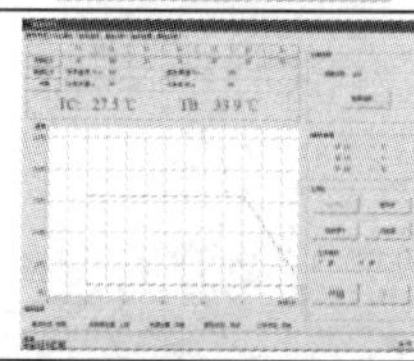
5．登录权限账户，默认无密码，若有需要，可以设定	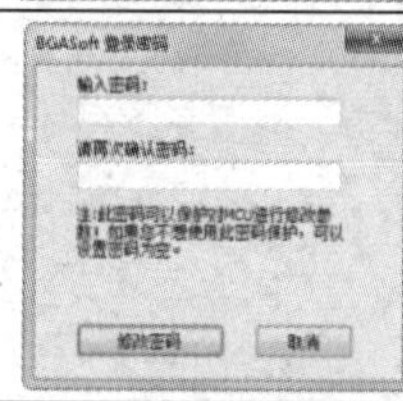

（2）程序的调用及模式选择：根据 BGA 返修工艺文件，以无铅芯片试样为例。在打开的“BGASOFT”对话框中，首先选择“操作界面”选项卡，然后单击“选择流程…”按钮，如图 3-13 所示，在弹出的程序目录窗口中选择“无铅芯片试样”程序，单击“确定”按钮，弹出图 3-14 所示的对话框，选中“电子装联 BGA 焊接程序.medl”文件，单击“打开”按钮，即可完成此焊接程序调用。随后，在“BGASOFT”对话框的“工作模式”选区中，根据实际情况选中“拆”或者“焊”单选按钮，如图 3-15 所示。

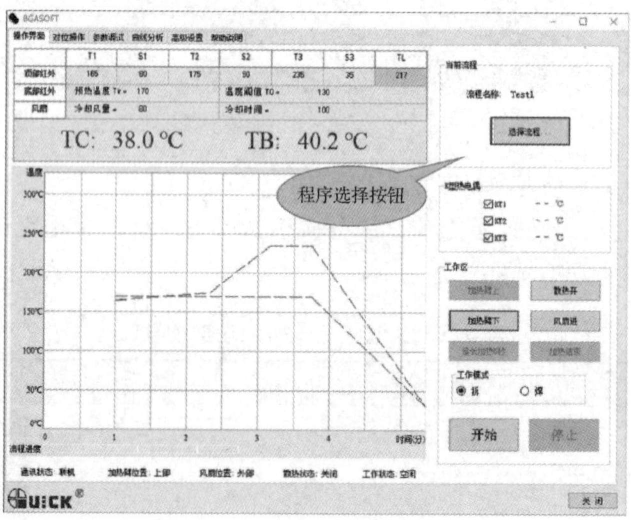

图 3-13　选择流程

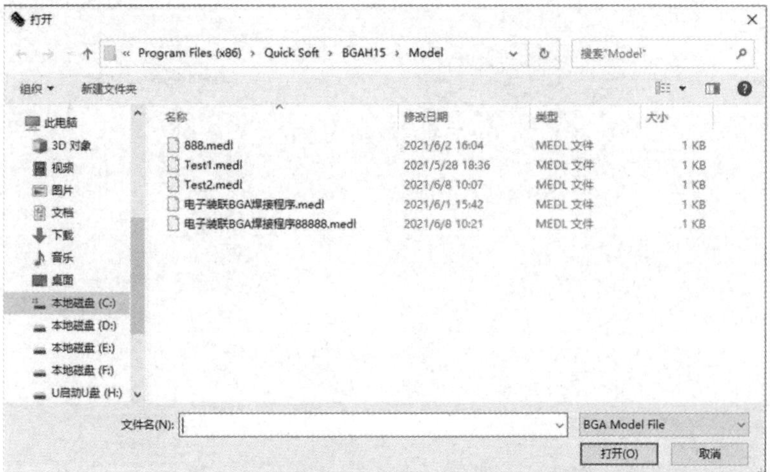

图 3-14 “电子装联 BGA 焊接程序.medl”文件

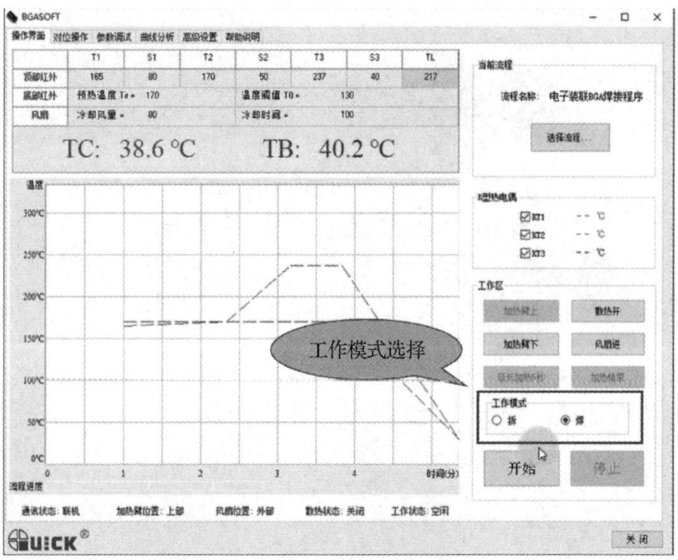

图 3-15 工作模式选择

（3）参数设置：打开“BGASOFT”对话框的“参数调试”选项卡，如图 3-16 所示。根据 BGA 返修工艺文件进行设置，将鼠标直接移动到所需设置的参数上，双击选定或直接输入设定的数值即可，可设置的参数包括预热温度 Tir、温度阈值 T0 等相关参数。若要修改某流程的具体参数，则要先选择流程，再进行参数修改。修改结束后，单击“参数保存”按钮，返回“操作界面”选项卡重新选择流程即可。

4）BGA 拆焊

（1）把需要进行返修的印制电路板固定到支架上，移动支架，调节微调旋钮，使器件到达设备的返修中心区域（红色指示激光点对准 BGA 封装芯片中心），如图 3-17 所示。

（2）在“操作界面”选项卡中单击“选择流程...”按钮选择所需流程，可以根据 BGA 返修工艺文件的实际情况，修改各参数，并选择“拆”工作模式。

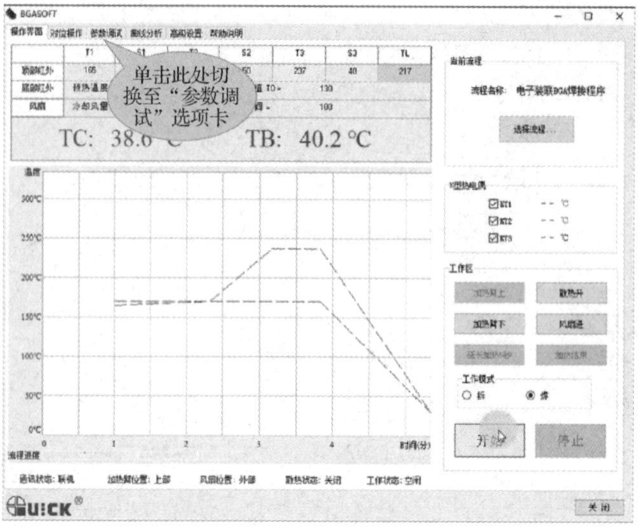

图 3-16 “参数调试”选项卡

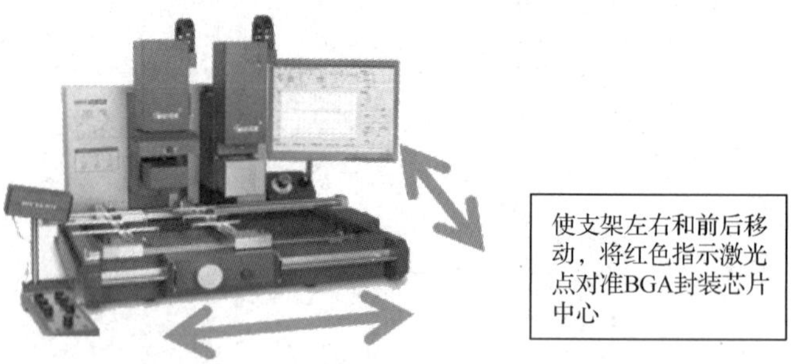

图 3-17 固定印制电路板到返修区

（3）单击“开始”按钮，拆焊台自动开始工作，拆除指定 BGA 封装芯片，设置拆焊程序如图 3-18 所示。

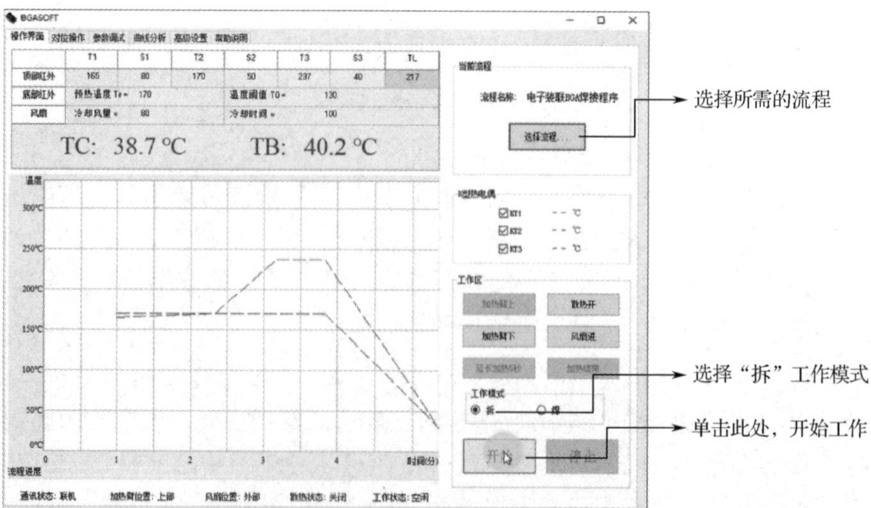

图 3-18 设置拆焊程序

操作成绩评定

利用给定的 BGA 封装芯片对学生进行 BGA 封装芯片拆焊技能考核，并对考核过程中学生的操作能力进行评价，将结果填入表 3-6。

表 3-6 BGA 封装芯片拆焊操作能力评价表

序号	评价维度	评价情况		
		自我评价	小组评价	教师评价
1	能认识 BGA 返修设备			
2	能对印制电路板进行固定			
3	能根据 BGA 返修工艺文件设置 BGA 封装芯片拆焊工艺参数			
4	能利用 BGA 返修设备进行拆焊			

总结反思

BGA 封装芯片拆焊的注意事项有哪些？

技能训练 3.5 基于 BGA 返修工作站焊接 BGA 封装芯片

训练目标

扫一扫看基于返修工作站焊接 BGA 封装芯片教学课件

（1）掌握清洁印制电路板的作业要领及步骤。
（2）掌握涂覆焊锡膏的作业要领、作业步骤。
（3）掌握 BGA 封装芯片植球的作业要领、作业步骤。
（4）掌握光学对位贴放的作业要领、作业步骤。
（5）掌握焊接 BGA 封装芯片的作业要领、作业步骤。

训练内容

BGA 封装芯片焊接训练。

训练工具、仪表、器材

器材：BGA 返修设备 QUICK EA-H15。

训练指导

1. BGA 返修工作站

BGA 封装芯片的返修焊接通常是基于 BGA 返修工作站进行的。不同厂家生产的 BGA 返修工作站采用的工艺原理略有不同，但大致是相同的。BGA 封装芯片的特点是引脚不在四周，而是以芯片底部呈矩阵排列的锡球为引脚，这种芯片的焊接难度要比其他形式的芯片高许多，不易贴装和焊接，也不易察觉问题、不易维修。

2. BGA 返修工作站进行的返修焊接

根据生产实际，BGA 返修工作站操作返修焊接工艺分为以下几个主要步骤。

（1）进行产品检测，确定返修芯片。主要方法是目测，即通过焊点的外观检查判定焊接状态；还可以通过电气性能测试，在上电后进行测试，配合检测工装和测试程序，判定故障类型和区域，发现焊接不良的芯片。在必要时，也可以通过测量电阻值或辅以 X-RAY 检测，判定焊接故障部位。

（2）拆除焊接不良的芯片。

（3）清洗拆除芯片的部位。

（4）涂抹焊锡膏。

（5）贴放芯片。

（6）焊接芯片。

BGA 返修焊接工艺流程如图 3-19 所示。

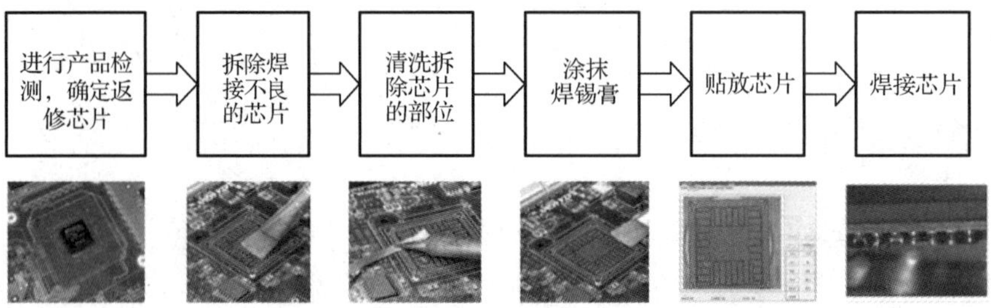

图 3-19　BGA 返修焊接工艺流程

3. BGA 封装芯片的返修焊接训练

1）清洁印制电路板

（1）涂抹焊锡膏，如图 3-20 所示。

（2）用高热容量铲型烙铁头配合吸锡带除锡，如图 3-21 所示。

图 3-20　涂抹焊锡膏

图 3-21　除锡

（3）用清洗剂清洗残留助焊剂，如图 3-22 所示。

（4）重新涂抹焊锡膏，建议沿 *X*、*Y* 方向刷两次，确保焊盘上被均匀涂抹薄薄一层即可，如图 3-23 所示。

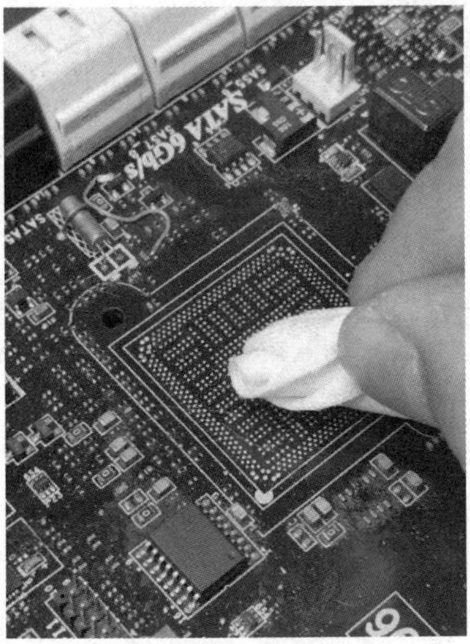

图 3-22　清洗

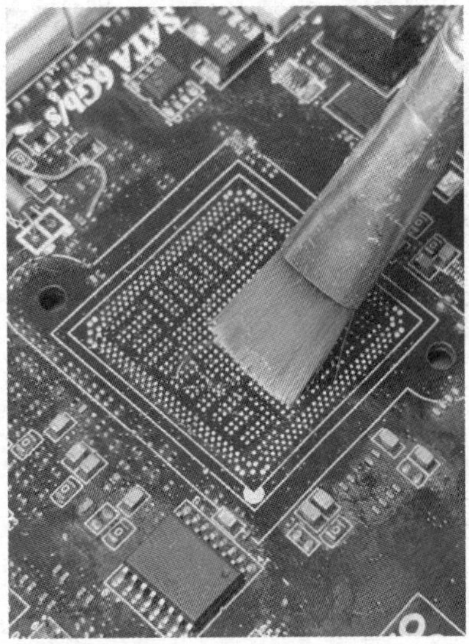

图 3-23　重新涂抹焊锡膏

2）焊锡膏涂覆

对 BGA 封装芯片进行焊接前，根据 BGA 返修工艺文件需要对印制电路板上的焊盘进行焊锡膏印刷或焊锡膏涂覆。通常对焊点较少的 BGA 封装芯片进行返修时，采用焊锡膏涂覆的方法，这种方法不需要制作钢网，涂覆简单快捷，维修速度快，但稳定性差；对焊点较多的 BGA 封装芯片，尤其是大尺寸 BGA 封装芯片进行返修时，一般采用焊锡膏印刷的方法，这种方法可以有效地防止印制电路板产生翘曲、某些焊点开路，并能减少焊接时焊料中气孔的产生，焊点品质比用焊锡膏涂覆更好。

焊锡膏印刷的操作过程如图 3-24 所示。

（1）选择对应的钢网，将钢网开口和焊盘完全重合，不要有任何错位，然后用胶带将钢网固定在印制电路板上，防止钢网开口和焊盘错位，也防止焊锡膏外溢，如图 3-24（a）所示。

（2）用刮刀取适量焊锡膏［见图 3-24（b）］，然后在钢网上刮过。刮焊锡膏时尽量使焊锡膏能在钢网和刮刀之间滚动，如图 3-24（c）所示。

（3）焊锡膏填满钢网开口后，向上慢慢地提起钢网，提起的过程中要尽量避免发生抖动。印刷后的焊点效果如图 3-24（d）所示。

（a）将钢网固定在印制电路板上　（b）焊锡膏　（c）植入焊锡膏　（d）印刷后的焊点效果

图 3-24　焊锡膏印刷的操作过程

3）BGA 封装芯片植球

BGA 封装芯片植球是对拆卸后的芯片进行再利用的一种工艺。由于拆卸后 BGA 封装芯片底部的锡球被不同程度地破坏，如图 3-25（a）所示，因此必须将锡球［见图 3-25（b）］通过钢网粘到 BGA 封装芯片引脚上，才能再次使用，如图 3-25（c）所示。

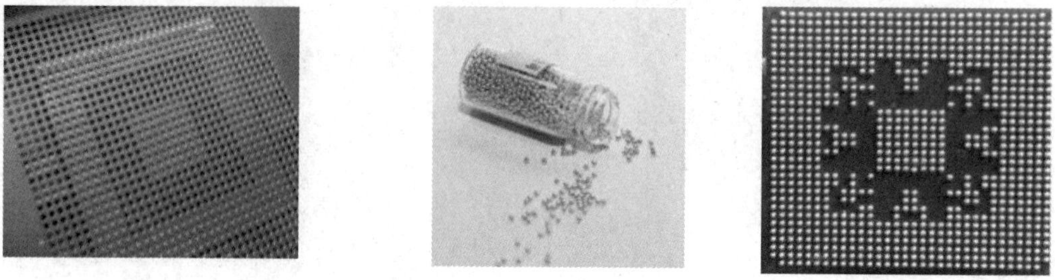

（a）需植球的芯片　（b）锡球　（c）已植球的芯片

图 3-25　植球前、后的芯片对比

BGA 封装芯片的植球过程如图 3-26 所示。

（1）将 BGA 封装芯片放入装载 BGA 封装芯片的底座中，如图 3-26（a）所示。

（2）在 BGA 封装芯片的引脚上均匀地涂抹助焊剂，如图 3-26（b）所示。

（3）用吸锡带将 BGA 封装芯片的引脚抹平，如图 3-26（c）所示。

（4）用酒精将 BGA 封装芯片的引脚擦拭干净，如图 3-26（d）所示。

（5）在 BGA 封装芯片的引脚上再次均匀地涂抹助焊剂，如图 3-26（e）所示。

（6）调整好专用钢网的方向，将专用钢网完整地覆盖在 BGA 封装芯片的引脚上，不能有偏差，如图 3-26（f）所示。

（7）将相应大小的锡球均匀地撒在钢网上，让每一个网孔内都有一个锡球，并将多余的锡球清理干净。

（8）用热风枪给钢网均匀加热，防止钢网变形，再依次加热，使每个锡球都充分熔化，如图 3-26（g）所示。

（9）经过几分钟冷却后，将钢网取下，检查植球的质量，如图 3-26（h）所示。

（a）放入底座　（b）涂抹助焊剂　（c）抹平引脚

图 3-26　BGA 封装芯片的植球过程

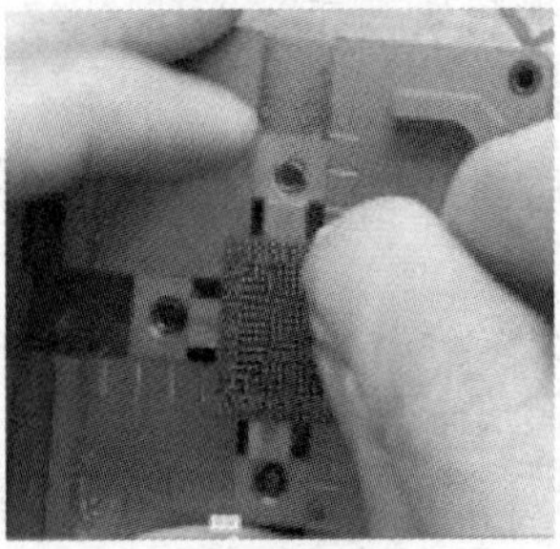

（d）擦拭引脚

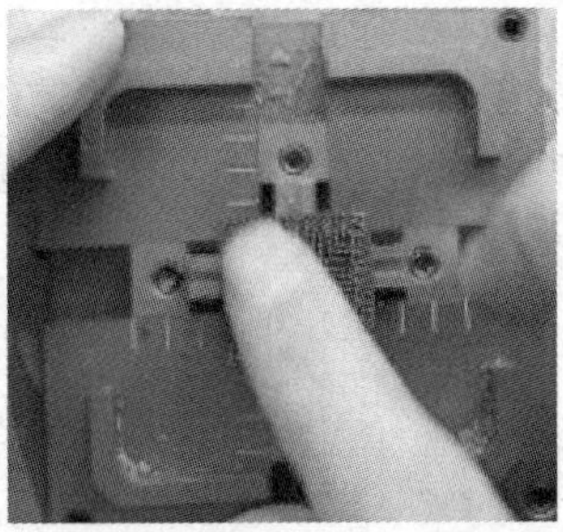

（e）再次涂抹助焊剂

（f）装钢网

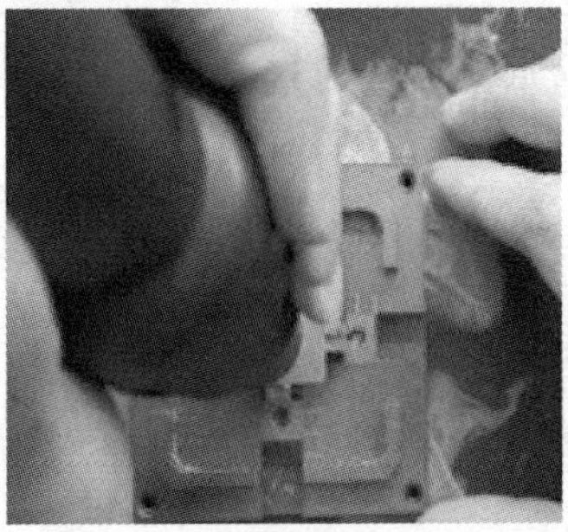

（g）加热

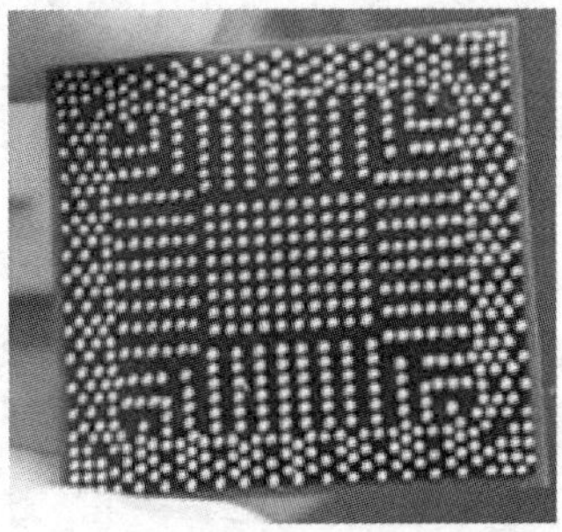

（h）检查植球质量

图 3-26 BGA 封装芯片的植球过程（续）

4）光学对位贴放

（1）打开“BGASOFT”对话框的“对位操作”选项卡，如图 3-27 所示，单击“真空关”按钮，吸嘴产生真空，把器件吸附在吸嘴上；调整 BGA 封装芯片的放置位置，使 BGA 封装芯片图像处于视频中心。

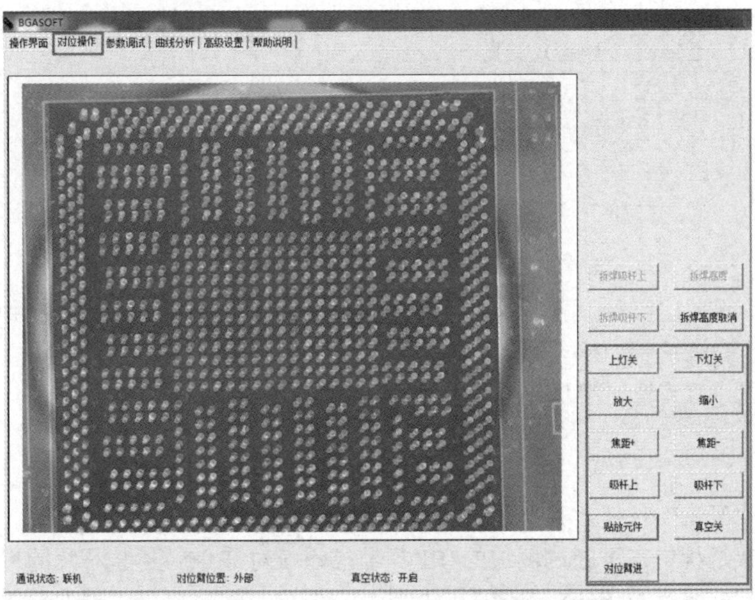

图 3-27 BGA 封装芯片光学对位贴放的操作界面

（2）在“BGASOFT”对话框的“对位操作”选项卡中，通过键盘手动调节各按钮，查看图像的清晰度及焊盘和锡球的重合度，直到得到满意的结果。

①“上灯关”按钮：关闭镜头上部灯光，即图像中不显示 BGA 封装芯片，只显示橙色的印制电路板焊盘。

②“放大”“缩小”按钮：放大或缩小印制电路板的焊盘图像。

③“焦距+”“焦距-”按钮：让印制电路板焊盘的橙色图像清晰。

④“下灯关”按钮：关闭下部灯光，打开上部灯光，只能看到顶部锡球的蓝色图像。

⑤“吸杆上”“吸杆下”按钮：调整 BGA 封装芯片高度，也可以调节锡球的蓝色图像清晰度。

⑥“贴放元件”按钮：当焊盘和锡球完全重合后，放置 BGA 封装芯片，便于后续焊接。

⑦“对位臂进”按钮：调整 BGA 封装芯片的放置角度。

（3）调节“上灯关”“下灯关”按钮，可以改变上、下部灯光的亮度比例，更清晰地看清焊盘和锡球的图像。

（4）通过支架的机械旋钮调节 BGA 封装芯片放置的位置，再通过“对位臂进”按钮调整 BGA 封装芯片的放置角度，让其上下重合，单击“贴放元件”按钮贴放 BGA 封装芯片。

5）焊接 BGA 封装芯片

（1）打开“BGASOFT”对话框的“参数调试”选项卡，在“工作模式”选区中选中“焊”单选按钮，设置 BGA 封装芯片焊接参数，设置步骤和拆焊设置步骤完全相同。参数设置完成后返回“操作界面”选项卡，图 3-28 所示为焊接设置操作界面。

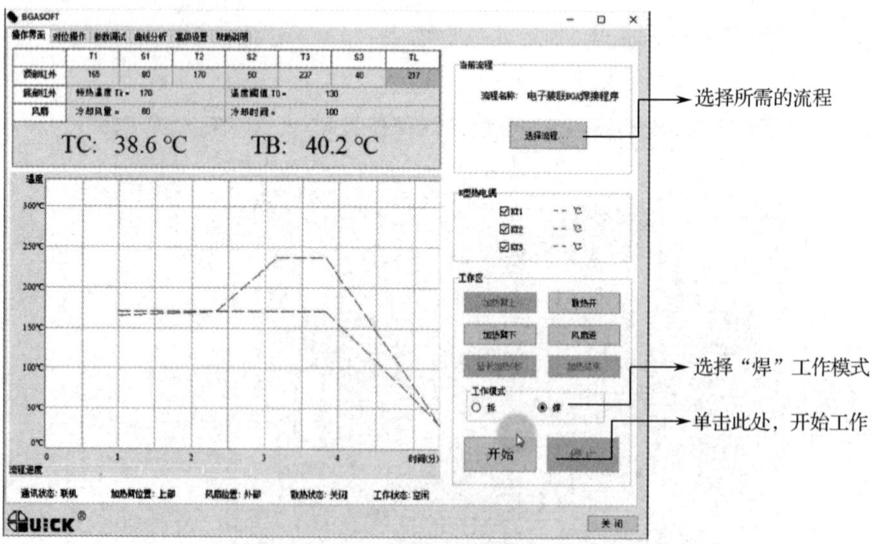

图 3-28　焊接设置操作界面

（2）单击“开始”按钮，开始焊接。

（3）在焊接过程中，可通过侧边的 RPC 监控系统对 BGA 封装芯片的焊接状态进行影像观测，图 3-29 所示为 BGA 封装芯片焊接状态图像。锡球熔化、器件整体塌陷说明焊接已完成，焊接合格。

（4）焊接结束后，按正常计算机操作顺序关闭计算机，冷却后取出印制电路板并清理，同时要清理设备，关闭设备电源开关，整理好操作环境后方可离开。

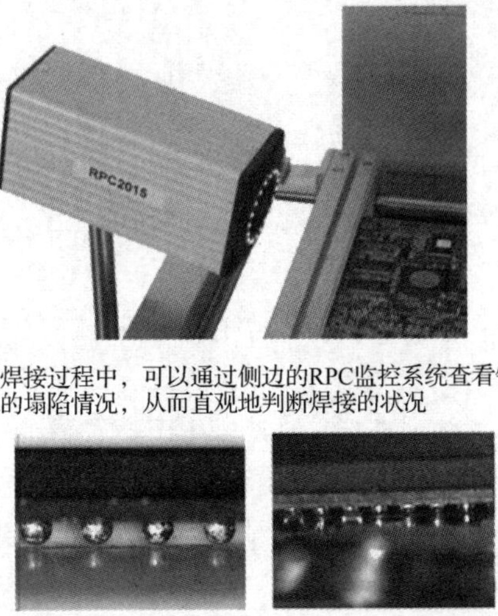

图 3-29　BGA 封装芯片焊接状态图像

操作成绩评定

利用给定的 BGA 封装芯片对学生进行 BGA 封装芯片焊接技能考核，并对考核过程中学生的操作能力进行评价，将结果填入表 3-7。

表 3-7　BGA 封装芯片焊接操作能力评价表

序　号	评 价 维 度	评 价 情 况		
		自 我 评 价	小 组 评 价	教 师 评 价
1	能对印制电路板进行清洁、印刷焊锡膏			
2	能对 BGA 封装芯片植球			
3	能完成光学对位贴放			
4	能设置 BGA 返修工作站焊接参数			
5	能操作 BGA 返修工作站进行焊接			

总结反思

BGA 返修焊接是电子产品生产的一道重要工序，其包括哪些程序？

扫一扫看基板检修—BGA 返修—芯片拆焊微课视频

扫一扫看基板检修—BGA 返修—印制电路板清理微课视频

扫一扫看基板检修—BGA 返修—返修检测微课视频

扫一扫看基板检修—BGA 返修—芯片焊接微课视频

项目4 SMT焊接

技能训练4.1　操作锡膏印刷机

扫一扫看操作锡膏印刷机教学课件

训练目标

掌握锡膏印刷机的操作步骤。

训练内容

锡膏印刷机的操作训练。

训练工具、仪表、器材

器材：锡膏印刷机。

训练指导

1. 锡膏印刷机的工作原理

焊锡膏也叫锡膏，英文名为Solder Paste，为灰色膏体。焊锡膏是伴随着SMT（Surface Mount Technology，表面安装技术）应运而生的一种新型焊接材料，是由焊锡粉、助焊剂及其他表面活性剂、触变剂等加以混合形成的膏状混合物。其主要用于SMT行业印制电路板表面电阻、电容、集成电路等电子元器件的焊接。

锡膏印刷机的工作原理：在印刷焊锡膏时，印刷机的刮刀以一定的速度和角度向前移动，对焊锡膏产生一定的压力，推动焊锡膏在刮刀前滚动，产生将焊锡膏注入网孔或漏孔所需的压力，焊锡膏的黏性摩擦力使焊锡膏在刮刀与网板交接处产生切变，切变力使焊锡膏的黏性下降，顺利地注入网孔或漏孔。

2. 锡膏印刷机的操作步骤

（1）打开开关，让机器归零，这时选择需要的操作程序。这是第一步的准备工作，用 8 个字总结为“打开清零，选择程序”。

（2）安装支撑架，调节需要的宽度，一直调节到需要的宽度为止，如果没有调节好，那么会影响后面的工作；然后移动挡板，打开开关，注意这个开关不是机器的开关，而是运输的开关，把板子放到中间；最后移动到指定的位置。

（3）调节 MARK2 的位置，使其与计算机界面中间的“十”字对应，确认数据是对的。确认无误后，单击“确定”按钮。

（4）安装刮刀。安装好刮刀，位置可进行前后调整。确定安装正确后，打开调节窗口，这时就可以开始印刷了。

（5）锡膏印刷机叫这个名字的原因在这一步就能体现了，这时开始添加焊锡膏，添加的原则是要高于刮刀的三分一，不要多也不要少，要把握好量。

（6）在焊锡膏添加好后进行检查，这时要检查印刷的焊锡膏是不是有偏移或者连锡等情况，还要注意其中的厚薄是否均匀。如果没有调整好，那么最后印刷出来的产品都是不合格的，所以为了使产品质量合格，检查还是很有必要的！

（7）为了减少成本浪费，应先印刷出一件产品，检查第一件产品是不是合格。如果合格就可以继续印刷了，如果不合格就需要再次进行调整。千万不要在第一次就盲目地印刷很多，如果不检查第一件产品且其不合格，那么后面的产品都是不合格的，浪费就比较严重。锡膏印刷机的工作流程其实并不难，但是需要细心，对每一步都需要仔细地操作，一步步地进行下去，确保每一步的操作质量，这样印刷出来的产品才是有质量保证的。

3. 锡膏印刷机操作训练

（1）先打开主电源至“I”位置，等待监控器开启，并检查气压表是否有气压。

（2）待监控器提示按系统键的时候按下系统键，蓝色灯亮，等待系统初始化。

（3）系统初始化完成后，在监控器主界面的下方，单击“打开盖子”按钮后，再打开安全防护门，根据印制电路板选择合适的钢网，将钢网装入适配器并对好位置后，在网板上加入适量的焊锡膏，检查刮刀有没有装到位。

（4）按照步骤开始机器的使用：更换产品→选择使用的参数程序→调用→返回→印刷等。

（5）设备使用完毕后，关机时要注意顺序，先在监控器界面单击“关闭”按钮。

（6）待监控器关闭后，再关闭主电源至“O”位置。

（7）将网板上的焊锡膏装入指定瓶内，将网板、刮刀表面残留的焊锡膏清理干净。

锡膏印刷机操作安全注意事项：

① 操作检测时需佩戴防静电手套和护目镜（切勿湿手操作机器）。

② 当机器通电时，紧急情况按下红色急停按钮，可以让机器立即停止（若要恢复正常，则顺时针旋转按钮使其弹出即可）。

③ 当设备开启后，安全防护门只能通过监控器控制打开，切勿直接拉开或在机器运行过程中拉开安全防护门。

④ 在机器运行过程中，严禁用手触摸齿轮、传送带等传送装置。

⑤ 设备维护时，应先断电、断气。

操作成绩评定

对学生进行锡膏印刷机操作技能考核，并对其操作能力进行评价，将结果填入表 4-1。

表 4-1　锡膏印刷机操作能力评价表

序　号	评 价 维 度	评 价 情 况		
		自 我 评 价	小 组 评 价	教 师 评 价
1	能正确使用锡膏印刷机			
2	能做好安全防护			

总结反思

使用锡膏印刷机的注意事项有哪些？

技能训练 4.2　操作贴片机

扫一扫看操作贴片机教学课件

训练目标

掌握贴片机的操作步骤。

训练内容

贴片机操作训练。

训练工具、仪表、器材

器材：贴片机。

训练指导

1. 贴片机的概念和分类

全自动贴片机是用来实现高速、高精度、全自动贴放元器件的设备，是整个 SMT 生产中最关键、最复杂的设备。贴片机是 SMT 生产线中的主要设备，其已从早期的低速机械贴片机发展为高速光学对中贴片机，并向多功能、柔性连接模块化发展。

贴片机的分类如表 4-2 所示。

表 4-2　贴片机的分类

分 类 标 准	相 关 机 型	主 要 特 点
速度	中速贴片机 高速贴片机 超高速贴片机	超高速贴片机的特点：贴片速度为 4 万片/h 以上，采用旋转式多头系统。Assembleo-FCM 型和 FUJI-QP-132 型贴片机均装有 16 个贴片头，其贴片速度分别达 9.6 万片/h 和 12.7 万片/h
功能	高速贴片机 超高速贴片机 多功能贴片机	高速/超高速贴片机的贴装对象主要以贴片元件为主，贴片器件的种类不多。多功能贴片机能贴装大型器件和异型器件

续表

分类标准	相关机型	主要特点
方式	顺序式贴片机 同时式贴片机 同时在线式贴片机	顺序式贴片机按照顺序将元器件一个一个贴到印制电路板上，该类贴片机较为常见。 同时式贴片机使用放置圆柱式元件的专用料斗，一个动作就能将元件全部贴装到印制电路板相应的焊盘上。 同时在线式贴片机由多个贴片头组合而成，依次同时对一块印制电路板进行贴片，Assembleo-FCM 就是该类贴片机
自动化	全自动机电一体化贴片机 手动贴片机	大部分贴片机是全自动机电一体化贴片机。 手动贴片机的贴片头安装在 *Y* 轴头部，*X*、*Y*、*e* 定位可以靠人手的移动和旋转来校正位置。其主要用于新产品开发，具有价廉的优点

2. 贴片机的操作流程

一般贴片机的日常生产操作流程如下。

（1）机器检查。

（2）开机。

（3）回原点。

（4）暖机。

（5）选择生产数据。

（6）检查供料器是否正常安装。

（7）调整印制电路板定位系统。

（8）开始生产。

（9）生产完成。

（10）关机。

操作注意事项：

① 未接受过培训者严禁上机操作。

② 操作设备需以安全为第一，机器操作者应严格按操作规范操作机器，否则可能造成机器损坏或危害人身安全。

③ 机器操作者应做到小心、细心。

3. 贴片机的操作训练

（1）机器检查。开机前检查气源、电源是否正常，安全盖是否盖好，吸嘴、飞达是否正确安装，机器内是否有异物。每日开机前的吸嘴检查：①吸嘴尖是否破损；②吸嘴臂是否运转良好；③供料器平台是否干净。

（2）开机。打开机器的电源主开关，检查各紧急按钮是否松开，安全盖是否盖好，按下操作手柄上的 READY 键，显示器下方“EMERGENCY STOP”信息消失。

（3）回原点。单击“回机器原点”按钮，机器自动回原点。

（4）暖机。单击“暖机”按钮，按空格键选择暖机时间，一般为 10～15 min。

（5）选择生产数据。如果采用上次生产的数据，那么此项可跳过，否则按 F2 键选择生产数据，选择完成后操作屏上出现本数据对应的各头需安装的吸嘴类型。

（6）检查供料器是否正确安装。单击“元件排列”按钮，检查安装的供料器与数据是否一致。

（7）调整印制电路板定位系统。通过“运行应用/传送单元”按钮手动定位印制电路板，检查各定位装置是否可以正确工作。

（8）开始生产。单击“自动运行”按钮，机器处于等待状态，等待生产线上一级机器的印制电路板传送输入，印制电路板进入机器后，机器自动生产，生产完成后，传送给下一级机器，由炉前人员检查第一块印制电路板的贴装是否正确，无误后交予生产主管确认，然后再送检于 IPQC 进行首件确认。若不正确，则执行数据修改，确认无误后进行批量生产。

（9）生产完成。待生产完成，单击“停止生产”按钮，机器自动停止生产。

（10）关机。单击“O/退出”按钮，机器先回原点，再关机，最后关闭机器电源主开关。

操作成绩评定

对学生进行贴片机操作技能考核，并对其操作能力进行评价，将结果填入表 4-3。

表 4-3　贴片机的操作能力评价表

序　号	评 价 维 度	评 价 情 况		
		自 我 评 价	小 组 评 价	教 师 评 价
1	能正确使用贴片机			
2	能做好安全防护			

总结反思

扫一扫看基板贴装—贴片机编程微课视频

使用贴片机的注意事项有哪些？

技能训练 4.3　操作再流焊设备

扫一扫看操作再流焊设备教学课件

训练目标

掌握再流焊设备的操作步骤。

训练内容

再流焊设备操作训练。

训练工具、仪表、器材

器材：再流焊设备。

训练指导

1. 再流焊的分类与工艺特点

再流焊设备也叫回流焊机或“回流炉”，它是通过提供一种加热环境，使焊锡膏受热熔化，从而让表面贴装元器件和印制电路板焊盘通过焊锡膏可靠地结合在一起的设备。

1）再流焊的分类

对印制电路板整体加热的再流焊可分为热板再流焊、红外再流焊、热风再流焊、热风加红外再流焊、气相再流焊。

（1）热板再流焊：主要用于陶瓷基板的再流焊。

（2）红外再流焊：加热温度不均匀，印制电路板上的温差大，不利于焊接。

（3）热风再流焊：优点是温度均匀，焊接质量好；缺点是印制电路板上下温差不易控制、温度梯度不易控制，能源消耗大。目前其是再流焊设备的首选。

（4）热风加红外再流焊：既提高了焊接温度，加快了升温效率，又可以节省能源。

（5）气相再流焊：优点是温度控制准确，热转换效率高，可快速升温。其是无氧环境，印制电路板受热均匀，不受元器件布局影响，焊接质量好。缺点是成本高，可能产生有毒气体等。

对印制电路板局部加热再流焊可分为激光再流焊、光束再流焊、聚焦红外再流焊、热气流再流焊。

（1）激光再流焊、光束再流焊：热量只发射到焊点上，不会损坏元器件和基板；焊接质量好，重复性高；单点焊接速度快。设备十分昂贵，用于特殊元器件的焊接。

（2）聚焦红外再流焊：适用于返修工作站。

（3）热气流再流焊：需要针对不同尺寸的焊点加工不同尺寸的喷嘴，焊接速度比较慢，用于返修或产品开发。

2）再流焊工艺特点

（1）有“再流动”与自定位效应。

贴装元器件只是被焊锡膏临时固定在印制电路板上，焊接时，当焊锡膏达到熔融温度熔化时，焊料还要“再流动”一次，此时元器件受熔融焊料表面张力的作用会发生位置移动。如果焊盘设计正确，元器件端头与焊盘的可焊性良好，元器件的全部焊端或引脚与相应焊盘同时被熔融焊料润湿，就会产生自定位或称为自校正（Self Alignment）效应，即当元器件贴放位置有少量偏离时，在表面张力的作用下，能自动被拉回到近似目标位置。

（2）每个焊点的焊料成分与焊料量是固定的。

在再流焊工艺中，焊料是预先分配到印制电路板焊盘上的，每个焊点的焊料成分与焊料量是固定的，因此再流焊质量与工艺的关系极大，特别是印刷焊锡膏和再流焊工序，严格控制这些关键工序就能避免或减少焊接缺陷的产生。

2. 再流焊设备的炉温设定

（1）红胶：按照回流接受 120 ℃需保持 90 s 以上达到固化要求，150 ℃保持在 60～90 s 为宜。

（2）焊锡膏：以每秒 1 ℃～4 ℃的速度升温，饱和区 140 ℃～170 ℃，时间为 60～120 s 达到固化要求；当焊接温度在 200 ℃以上时，时间为 20～60 s。产品在焊接回流时，印制电路板实际最高受温不能超过 230 ℃，QFP 实际为（210±5）℃。

（3）一切炉温数据应以炉温测试仪测量结果为准。

再流焊设备操作注意事项：

① UPS（不间断电源）应处于常开状态。

② 若遇紧急情况，则可以按下机器两端的应急开关。

③ 控制用计算机禁止用于其他用途。

④ 测温插座、插头均不能长时间处于高温状态，每次测完温度后，务必迅速将测温线从炉中抽出，以避免高温变形。

⑤ 在开启炉体进行操作时，务必要用支撑杆支撑上、下炉体。

⑥ 在安装程序安装完毕后，对所有支持文件不要随意删改，以防止程序运行过程中出现不必要的故障。（注意：同机种的印制电路板，要求一天测试一次温度曲线；不同机种的印制电路板在转线时，必须测试一次温度曲线。）

3. 再流焊设备操作方法

（1）准备一块焊好的表面组装板。

（2）至少选择 3 个以上测试点（一般有 3～9 个测试点）。选取能反映出表面组装板上高（热点）、中、低（冷点）有代表性的三个或多个测温点，3 个或多个测温点应选在印制电路板同一个横截面不同元器件的焊点上。

（3）用高温胶带纸或高温焊料将 3 根热电耦的 3 个测试端固定在印制电路板的测温点位置上，必须粘牢。

4. 再流焊设备操作训练

（1）检查电源是否接入。

（2）检查应急开关是否复位。

（3）把电源开关拨到“on”位置，此时设备会自行启动，关机前要保存一天的参数文件。

（4）要根据印制电路板的焊料成分规格设定相应的参数文件。

（5）待机器加热温度达到设定值 10 min 后，装配好的印制电路板才能过炉焊接或固化。

（6）关机：在手动状态下，关闭加热 20 min 后，关闭运输风机，退出主界面，关闭电源；在自动状态下，关闭自动运行 20 min 后，关闭冷却指示，退出主界面，关闭电源。

操作成绩评定

对学生进行再流焊设备操作技能考核，并对其操作能力进行评价，将结果填入表 4-4。

表 4-4 再流焊设备操作能力评价表

序 号	评 价 维 度	评 价 情 况		
		自 我 评 价	小 组 评 价	教 师 评 价
1	能正确使用再流焊设备			
2	能做好安全防护			

总结反思

使用再流焊设备的注意事项有哪些？

扫一扫看基板焊接—再流焊微课视频

技能训练 4.4 操作波峰焊设备

扫一扫看操作波峰焊设备教学课件

训练目标

掌握波峰焊设备的操作步骤。

训练内容

波峰焊设备的操作训练。

训练工具、仪表、器材

器材：波峰焊锡机。

训练指导

1. 波峰焊设备的工作原理

波峰焊设备是指将熔化的软钎焊料（铅锡合金）经电动泵或电磁泵喷流成设计要求的焊料波峰，也可通过向焊料池注入氮气来形成，使预先装有元器件的印制电路板通过焊料波峰，实现元器件焊端或引脚与印制电路板焊盘之间机械与电气连接的软钎焊设备。根据机器所使用波峰的不同几何形状，波峰焊系统可分为许多种。

波峰焊设备的工作原理：波峰焊是用来焊接印制电路板的，波峰焊锡机主要由运输带、助焊剂添加区、预热区和波锡炉组成。运输带的主要用途是将印制电路板送入波峰焊锡机，沿途经过助焊剂添加区、预热区、波锡炉等。助焊剂添加区主要由红外线感应器及喷嘴组成。红外线感应器的作用是感应有没有印制电路板进入，如果有，那么感应器便会测量出印制电路板的宽度。助焊剂添加区的作用是在印制电路板的焊接面上形成保护膜。预热区的作用是提供足够的温度，以便形成良好的焊点。红外线发热可以使印制电路板受热均匀，在双波峰焊系统中，波的冲击波部分防止漏焊，它保证穿过印制电路板的焊料分布适当。焊料以较高速通过狭缝渗入，从而透入窄小间隙，喷射方向与印制电路板行进方向相同。单就冲击波本身而言，其并不能适当焊接元器件，它在焊点上留下不平整和过剩的焊料，因此需要第二个波。第二个波——平滑波消除了由冲击波产生的毛刺和焊桥。平滑波实际上与传统的通孔插装组件使用的波一样。因此，当传统组件在一台机器上焊接时，就可以把冲击波关掉，用平滑波对传统组件进行焊接。

2. 波峰焊设备操作流程与规范

波峰焊操作流程：将元器件插入相应的元器件孔中→预涂助焊剂→预加热→波峰焊→切除多余插件引脚→检查。

波峰焊锡机操作规范：

（1）准备工作。

① 检查波峰焊锡机配用的通风设备是否良好。

② 检查波峰焊锡机的定时开关是否良好。

③ 检查锡槽温度指示器是否正常，对温度指示器进行调节，然后用温度计测量锡槽液面下10～15 mm处的温度，判断温度是否随其变化。

（2）检查预热器系统是否正常。打开预热器开关，检查其是否升温且温度是否正常。

（3）检查切脚刀的工作情况。根据印制电路板的厚度与所留元器件引脚的长度调整刀片的高低，然后将刀片架拧紧且使其保持平稳，开机目测刀片的旋转情况后检查保险装置有无失灵。

（4）检查助焊剂容器压缩空气的供给是否正常。倒入助焊剂，调好进气阀，开机后助焊剂发泡，使用试样印制电路板将泡沫调到板厚的1/2处，再拧紧眼压阀，待正式操作时不再动此阀，只开进气开关即可。

（5）等待以上程序全部正常后，方可将所需的各种工艺参数预置到设备的有关位置上。

3. 波峰焊锡机操作训练

（1）打开照明灯和排风扇。

（2）检查波峰焊锡机的温度是否稳定在230 ℃～250 ℃。待焊锡全部熔化后，补足焊锡条（加锡量控制在波峰马达开启时，熔化的焊锡刚好浸没波锡炉上层发热管为宜）。

（3）检查助焊剂自动加液系统是否正常（助焊剂的比重在来料时应检测合格。）

（4）检查波峰焊锡机导轨及传动系统内有无异物，检查报警系统是否正常。

（5）正式工作前5 min打开预热控制开关，设定好预热温度，将其稳定在工艺控制范围内。

（6）调整好印制电路板的轨道宽度（以自然夹住印制电路板的宽度为宜，不可太紧或太松动），开启传动系统，设定好传动速度。

（7）打开总气阀门，启动松香控制开关，调整助焊剂喷涂量，以助焊剂喷涂在印制电路板的下表面凝结成不下落的小水滴为宜。

（8）启动波峰控制开关，波峰高度控制在印制电路板过波峰时吃锡高度离印制电路板前中心线的上表面有0.2～0.5 mm的余量，保证焊锡不浸到印制电路板的上表面。

（9）每天应在开机正常运转后，每2小时用温度计测量锡槽实际温度一次，记录仪表控制参数，并绘制出波动图。

（10）开机后，跟踪前5块印制电路板，视其焊接效果调整有关参数，并在整个焊接过程中不定时抽查、跟踪、调整有关参数，确保焊接质量。

（11）工作完毕后，关闭总气阀门、照明灯并关机，应确认关机后再离开。

操作成绩评定

对学生进行波峰焊锡机操作技能考核，并对其操作能力进行评价，将结果填入表4-5。

表4-5　波峰焊锡机操作能力评价表

序　号	评价维度	评价情况		
		自我评价	小组评价	教师评价
1	能正确使用波峰焊锡机			
2	能做好安全防护			

扫一扫看基板焊接—选择性波峰焊接微课视频

总结反思

使用波峰焊锡机的注意事项有哪些？

扫一扫看操作 AOI 设备教学课件

技能训练 4.5　操作 AOI 设备

训练目标

掌握 AOI 设备的操作步骤。

训练内容

AOI 设备的操作训练。

训练工具、仪表、器材

器材：AOI 设备。

训练指导

1. AOI 设备的工作原理与发展

自动光学检测设备又叫 AOI（Automated Optical Inspection）设备，主要由图像采集单元（工业相机、工业镜头）、光源、系统主机等部分构成。AOI 设备基于光学原理，综合采用产品图像采集分析、自动控制等多种技术，对生产中的待检产品可能存在的缺陷进行实时检测和处理，是目前比较先进的产品缺陷检测设备。

（1）AOI 设备的工作原理。

AOI 设备的工作原理是利用影像技术来比对被检对象与标准影像是否有过大的差异，从而判断被检对象是否符合标准，因此设备对影像的解析度、成像能力及其影像辨析技术对其检测效果起到很重要的作用。

（2）AOI 设备的发展。

传统的印制电路板检测手段是通过操作人员目测检查来确定印制电路板是否合格，包括焊料检测、电子元件安装位置/偏移/损坏检测等，但是随着印制电路板的设计不断朝精细化、复杂化、多样化、高度集成化的方向发展，加上生产规模的不断扩大，目测检查的方法已经无法满足现代化生产的需求。AOI 设备应用于印制电路板检测是大势所趋，能够弥补传统目测检查的不足和弊端。

AOI 设备可以在生产线上对印制电路板进行实时检测，能够检测元件漏贴、电容极性错误、焊脚定位错误或偏斜、引脚弯曲或折起、焊料过量或不足、焊点桥接或虚焊等缺陷问题，提升产品的出货品质。同时，其还可以收集生产过程中各工序的工作质量数据及出现的缺陷类型，供印制电路板工艺控制人员分析和管理使用，降低印制电路板的废品率。

2. AOI 设备操作注意事项

（1）IPQC 用 NG 样板确认检测程序的有效性，将检测结果记录在《AOI 样板检测表》

中，若有异常，则应及时通知 AOI 技术员调试程序。

① 使用漏料样板确定检测程序检查漏料不良的有效性。

② 使用极性全反向样板确定检测程序检查反向不良的有效性。

③ 使用发生过漏测的 NG 样板确定检测程序改善调试的有效性。

（2）AOI 测试员必须佩戴静电带作业，每次下班前需清洁机器的外表面，并保持机器周围清洁。

（3）AOI 测试员严禁在测试时单击“ALL OK”按钮，必须对所有红色窗口进行认真确认，防止漏检。

（4）若发生异常情况或 AOI 漏测，则应及时通知 AOI 技术员调试处理，必要时单击“EMERGENCY STOP”按钮。

（5）当 AOI 设备误测较多时，AOI 测试员应及时通知 AOI 技术员调试程序。

3. AOI 设备操作训练

（1）检查 AOI 轨道是否与印制电路板宽度一致，确认 AOI 检测程序是否正确（名称和版本）。

（2）将从再流焊设备流出的印制电路板置于台面冷却后，使印制电路板的定位孔靠向 AOI 设备操作一侧，投入 AOI 设备进行检测。

（3）AOI 设备检查结果判定。

① 若屏幕右上角显示“OK”，则表明 AOI 设备判定此板为 OK。

② 若屏幕右上角显示“NG”，则表明 AOI 设备判定此板为 NG 板或 AOI 设备误测，AOI 测试员对 AOI 设备判断为 NG 的板取出，对照屏幕显示的红色位置逐一目检确认，无法确认的交予目检工作人员确认。若是误测，则将此板按 OK 处理；若为 NG，则标识不良位置并挂上不良品跟踪卡，传给下一工序［AOI 后目检（一）］。

③ 在 AOI 设备测试为 OK 的板的规定位置用箱头笔打记号，如图 4-1 所示。

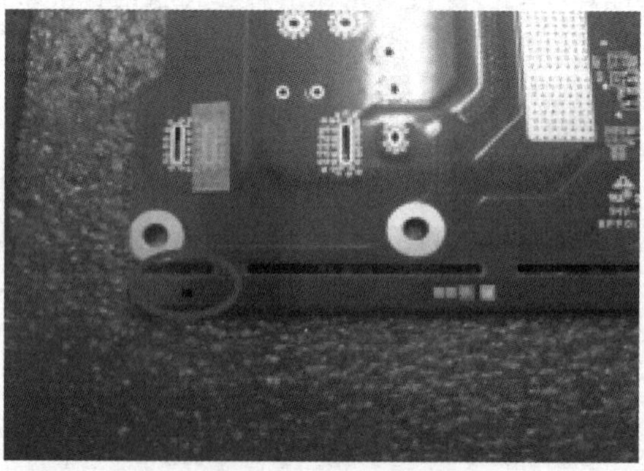

图 4-1　OK 板打记号处

操作成绩评定

对学生进行 AOI 设备操作技能考核，并对其操作能力进行评价，将结果填入表 4-6。

表 4-6　AOI 设备操作能力评价表

序　号	评 价 维 度	评 价 情 况		
		自 我 评 价	小 组 评 价	教 师 评 价
1	能正确使用 AOI 设备			
2	能做好安全防护			

总结反思

扫一扫看基板检测一在线 2D AOI 外观检测设备微课视频

使用 AOI 设备的注意事项有哪些？

参考文献

[1] 尹玉军，金明. 电子产品装配与调试[M]. 南京：东南大学出版社，2015.

[2] 金明. 电子产品维修[M]. 北京：电子工业出版社，2007.

[3] 金明. 维修电工实训教程[M]. 南京：东南大学出版社，2006.

[4] 全国电子设备用阻容元件标准化技术委员会. 电阻器和电容器的标志代码：GB/T 2691—2016[S]. 北京：中国标准出版社，2016.

[5] 王国玉. 电子产品装配工艺[M]. 北京：人民邮电出版社，2013.

[6] 樊融融. 现代电子装联工艺装备概论[M]. 北京：电子工业出版社，2015.